有压输水系统水力过渡过程

陈云良　主　编

鞠小明　副主编

科学出版社

北　京

内 容 简 介

水力过渡过程属工程水力学的一个分支，是一门较为专业的学科。本书主要介绍水电站、水泵系统等有压管道中的瞬变流，立足于教学及科研成果，系统介绍有压输水系统水力过渡过程的基本概念、基础理论，重点阐述水轮机组、调速器、调压室、调压阀及水泵系统等边界条件方程，以及相应的数学求解方法，并探讨水力过渡过程的控制方法。

本书可作为水利水电工程、能源与动力工程等相关专业本科高年级学生和研究生的教材，也可供有关工程技术人员参考。

图书在版编目(CIP)数据

有压输水系统水力过渡过程 / 陈云良主编. —北京：科学出版社，2017.9

ISBN 978-7-03-054527-5

Ⅰ.①有… Ⅱ.①陈… Ⅲ.①水力学–过渡过程 Ⅳ.①TV131

中国版本图书馆 CIP 数据核字 (2017) 第 227496 号

责任编辑：张　展　于　楠 / 责任校对：赵鹏利
责任印制：罗　科 / 封面设计：墨创文化

科学出版社 出版

北京东黄城根北街 16 号
邮政编码：100717
http://www.sciencep.com

四川煤田地质制图印刷厂印刷
科学出版社发行　各地新华书店经销

*

2017 年 9 月第 一 版　　开本：787×1092 1/16
2017 年 9 月第一次印刷　　印张：8 1/4
字数：210 千字

定价：59.00 元

(如有印装质量问题，我社负责调换)

前　言

　　水力过渡过程是输水系统中普遍存在的水流现象。在这一过程中，压力、转速、水位等暂态值有可能会远超恒定工况值，从而引发事故。开展水力过渡过程研究，探讨有效的防护措施，对系统可靠设计、安全运行等具有重要的科学意义。水力过渡过程涉及的内容较为广泛，本书主要针对有压输水系统中的瞬变流进行讨论研究。

　　全书共七章，第一章主要介绍水力过渡过程的基本概念、研究历程及现状等；第二章介绍有压管道瞬变流的基本方程，包括运动方程和连续方程，以及水击波速的计算公式；第三章阐述求解有压管道瞬变流方程的特征线方法，介绍基本边界、典型边界的解法；第四章重点阐述水轮机组过渡过程的数值求解方法，包括反击式和冲击式水轮机，介绍水轮机调速器方程；第五章主要阐述调压室水力计算及稳定性，介绍各种调压室的边界方程及解法；第六章介绍水电站调压阀的作用及边界条件方程等；第七章阐述水泵系统水力过渡过程的边界方程及解法，介绍水柱分离及弥合的计算方法，探讨各种水锤防护措施等。

　　本书由四川大学研究生课程建设项目资助出版。陈云良编写全书，鞠小明进行了审阅修改，王文蓉参与部分辅助工作。

　　由于编者水平有限，书中不妥之处在所难免，敬请读者批评指正。

目　　录

第一章　水力过渡过程概述

第一节　基本概念

水力过渡过程在水电站、泵站、渠道等地方常常发生，是输水系统中较为普遍的水流现象。正确认识、分析水力过渡过程特性，对管路及设备的可靠设计、安全运行等都有重要的现实意义。水力过渡过程属工程水力学的一个分支，是一门较为专业的学科。

通常定义：当水流从一种稳定状态变为另一种稳定状态时，状态转换不是在一瞬间就完成的，总需要一个中间过渡流态，这个过程称为水力过渡过程，也称瞬变流。

水流的压力、流速和流量等状态，随着时间而变化，这种水流称为非恒定流；如果水流状态不随时间变化，则称为恒定流。水力过渡过程与非恒定流的概念有相近之处，又有所区别。前者主要关注状态转变的过程，而后者强调流态随时间的变化。另外，水力过渡过程并不仅仅是水力学问题，还涉及系统中管道、设备和建筑物等相关边界条件。

水力过渡过程主要包括有压瞬变流、明渠瞬变流以及明满交替瞬变流。明渠瞬变流研究可自成系统，本书主要介绍有压输水系统中的水力过渡过程。

第二节　管道中的水击现象

有压管道中的水流由于流速或流量变化，引起管道压力变化的现象，称为水击或水锤。水击是工业管道中普遍存在的现象，分析管道中的水击现象，是研究水力过渡过程的基础。

通过简单管道中流量变化引起压力变化，来分析水击现象。如图 1-1 所示，水池或水库接一根管径沿程不变的管道，其出口设有一个调节流量的阀门。上游水池或水库的

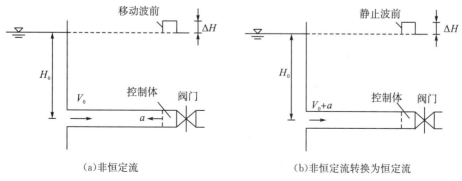

(a)非恒定流　　　　　　　　　　　　(b)非恒定流转换为恒定流

图 1-1　单管关阀示意图

水深保持为 H_0，初始状态时，阀门全开，管中流速为 V_0。由于某种原因瞬时关闭部分或全部阀门时，阀门前的流速会突然降低或变为零，这时阀门前的压力突然升高，这种水流现象称为水击(为正水击)。与此同时，阀门后的流量突然减小或变为零，阀门后的压力突然降低，该现象称为负水击。

一、水击计算

为使问题简化，假定管道是刚性的，即管径不随压力变化而改变；忽略管道的沿程和局部水头损失，即水力坡降线为水平线(图 1-1 中虚线)。应用非恒定流的动量方程和连续方程，研究阀门突然关闭的情况。

瞬时关闭阀门，流速变为 $V_0+\Delta V$，阀前压力突增为 $H_0+\Delta H$，该水击压力以波的形式向上游方向传播，用 a 表示压力波的传播速度，如图 1-1(a)所示。通过对控制体附加一个向下游方向的速度就可以转化为恒定流。该假定等于观察者以速度 a 向上游方向移动，这样移动中的波看起来就像是静止的，如图 1-1(b)所示。从控制体流入和流出的速度分别是 V_0+a 和 $V_0+\Delta V+a$。

以指向下游的方向为正，则在该正方向上的动量变化率为

$$\rho(V_0+a)A(V_0+\Delta V+a)-\rho(V_0+a)A(V_0+a)=\rho(V_0+a)A\Delta V \qquad (1\text{-}1)$$

式中，ρ 为流体的密度；A 为管道的横断面面积。

忽略管道阻力时，作用在控制体正方向上的合力为

$$\rho g H_0 A-(\rho g H_0+\Delta H)A=-\rho g\Delta HA \qquad (1\text{-}2)$$

式中，g 为重力加速度，约 9.81m/s^2。

根据牛顿第二运动定律，该正方向上的动量变化率等于合力，即

$$-\rho g\Delta HA=\rho(V_0+a)A\Delta V \qquad (1\text{-}3)$$

对于压力输水道中的水力过渡过程，多数情况下波速 a 基本接近 1000m/s，而流速 V_0 一般小于 10m/s，因此，可以忽略上式中的 V_0，从而推导出

$$\Delta H=-\frac{a}{g}\Delta V \qquad (1\text{-}4)$$

式 (1-4) 右边有负号，流速减小(ΔV 为负)时，压力增加(ΔH 为正)。

反之，可以推导出当流速在上游末端改变，波向下游方向运动时的水击公式，即

$$\Delta H=\frac{a}{g}\Delta V \qquad (1\text{-}5)$$

式 (1-5) 右边没有负号，流速减小或增加时，压力相应减小或增加。

上述水击计算式常称为茹科夫斯基(Joukowski)公式，可以用来计算阀门突然关闭或开启时的水击压强。例如，压力输水道的水击波速 a 约为 1000m/s，设初始流速为 5m/s，瞬间关闭出口阀门，流速为零，根据式(1-5)计算出压力水头升高约 510m，这是一个很大的压强。因此，工程设计和运行中，需高度重视管道内的水击压力问题。

二、刚性管水击波速

如何确定刚性管水击波的传播速度 a？下面根据质量守恒定律进行推导。

假定因压力变化 ΔH，流体的密度变为 $\rho + \Delta\rho$，单位时间内流入、流出控制体的质量分别为 $\rho A(V_0 + a)$、$(\rho + \Delta\rho)A(V_0 + \Delta V + a)$。控制体内由于密度变化，质量改变是很小的，可以忽略，即单位时间内控制体流入与流出的质量相等。

$$\rho A(V_0 + a) = (\rho + \Delta\rho)A(V_0 + \Delta V + a) \tag{1-6}$$

解出 $a = -\Delta V/(\Delta\rho/\rho) - (V_0 + \Delta V)$，由于 $V_0 + \Delta V \ll a$，所以可以化解为

$$a = -\frac{\Delta V}{\Delta\rho/\rho} \tag{1-7}$$

流体的体积模量 K 定义为 $K = \Delta p/(\Delta\rho/\rho)$，其中压强 $\Delta p = \rho g\Delta H$，故式(1-7)可写为

$$a = -K\frac{\Delta V}{\rho g\Delta H} \tag{1-8}$$

把式(1-4)代入式(1-8)，可以解出：

$$a = \sqrt{\frac{K}{\rho}} \tag{1-9}$$

式(1-9)就是刚性管中的水击波速公式，为不考虑管壁影响的情况。水击波的传播速度也就是声波在流体中的传播速度，与流体的压强及温度有关。水在常温常压下，计算出波速 $\sqrt{K/\rho}$ 约为 1440m/s。

第三节 水力过渡过程研究的历程及现状

一、研究历程

水力过渡过程的研究历史，可以追溯到关于水波传播理论的探讨。Euler 建立了详细的弹性波传播理论，推导出波传播的微分方程，并得出这个微分方程的解析解。Weber 研究了弹性管中不可压缩流体的流动，建立了运动方程和连续方程，这些方程是后来水力过渡过程研究的基础。

意大利的 Menabrea 较早地对水锤问题进行了研究，他在 1858 年发表的文章中，不同于前人只关注波速，而把着眼点放在由波的传播所引起的压力变化上，考虑管壁和流体的弹性，利用能量原理导出了波速公式。1898 年，美国的 Frizell 发表了论文"管道中流速变化所产生的水锤压力"，导出了水击波速和由流速突然变化所产生的水锤压力公式，同时探讨了波在分岔管中的传播等问题。20 世纪初期至中期，水击计算主要应用茹科夫斯基和 Allievi 的理论。1897 年，俄国空气动力学家茹科夫斯基在莫斯科开展实验和理论研究，用不同的管道长度和直径做了大量试验，在 1898 年发表了题为"管道中的水锤"的经典论文，利用能量守恒和连续条件导出了管道流速减小与压力升高的关系，即著名的茹科夫斯基公式。论文中提出了同时考虑水流和管壁弹性的波速公式，并分析了压力波沿管道的传播以及在出流端点的反射。他还研究了空气室、调压室和安全阀门对水击压力的影响，并讨论了阀门关闭对速度变化的影响，发现当关闭时间 $T_s \leqslant 2L/a$ 时，压力升高达到最大值，L、a 分别为管长、水击波速，解决了直接水击的问题。意大利

Allievi 的研究稍后于茹科夫斯基，1902 年 Allievi 发表了水击理论的论文，在理论分析的基础上解决了间接水击的问题，在计算公式中引进了迄今仍在使用的水锤常数。Allievi 提出了两个反映管道特性和阀门特性的无因次参数 $aV_0/(2gH_0)$、$aT_s/(2L)$，其中，V_0、H_0 分别为初始稳定状态的流速和水头，L 为水管长度，T_s 为阀门关闭时间。Allievi 推导出了阀门处压力升高的计算公式，并提供了阀门均匀关闭和开启时所引起的压力升高和降低的计算图表，便于实际应用。Allievi 创造了水锤分析的数学方法和图解方法，为随后的研究奠定了基础。

对于设置有调压室的水电站，德国汉堡大学教授托马（Thoma）在 1910 年首先指出：调压室横断面的面积必须大于一个最小值，引水发电系统的运行才能保持稳定。这个最小面积通常称为调压室的托马断面。Strowger 和 Keer 在 1926 年提出了水轮机负荷变化引起流量变化的逐步计算程序，研究考虑了水击压力、水轮机导叶开度和效率的变化等。1928 年，Löwy 研究了阀门周期性开动引起的共振和逐步打开阀门、导叶引起的压力降低，在分析基本偏微分方程时考虑阻力损失，提出了分析水击的图解法。1931 年，Bergeron 将图解法引申用于确定中间断面状态。Schnyder 发表了若干关于压力水管和排水管道中水击分析的论文，在图解分析中计入阻力损失；1929 年，在分析连有离心泵的管道水击压力时计入水泵全特性。1951 年，Rich 应用拉普拉斯变换进行管道水击压力计算分析。1957 年，Ruus 提出采用整定阀门关闭规律的方法来控制管道水击压力，使最大压力保持在规定限制范围内，称为阀门的最优关闭。

1967 年，美国的 Streeter 和 Wylie 合著了 *Hydraulic Transients*，1978 年该书改写为 *Fluid Transients*。这两位学者创造了求解瞬变流方程的特征线法，并首次应用计算机求解非恒定流问题，标志着水力过渡过程研究进入了一个崭新的时期。英国的 Fox 毕生致力于管道中的瞬变流研究，于 1971 年发表了专著 *Hydraulic Analysis of Unsteady Flow Pipe Networks*，后来还成立了利兹（Leeds）水力分析公司，完成了许多输水、输油管网的水击分析。日本的秋元德三探讨了水击和压力脉动的特性，研究计算方法和防止水锤导致共振的措施，于 1972 年出版了专著《水击与压力脉动》。1979 年，加拿大的 Chaudhry 发表了专著 *Applied Hydraulic Transients*，对水力过渡过程做了广泛而系统的讨论，介绍了各种适用于计算机数值求解的方法。

二、研究现状

计算机具有计算速度快、精度高和容量大等优点，对开展瞬变流计算分析有显著优势。近几十年来，计算机技术飞速发展和不断普及，开辟了水力过渡过程研究的新纪元。运用数值计算技术，突破了水力过渡过程分析时长期未能克服的难关，如复杂管路、摩擦阻力、水力机械特性、调压室涌波与水击压力联合分析、各类特殊边界等，使得对实际工程复杂水力系统开展研究成为可能。目前，数值计算方法已取代过去使用的近似解析法和简化图解法。

近年来，我国工程项目大量兴建，对解决实际工程中的水力过渡过程问题提出了研究要求。国内高等院校、科研单位及设计部门开展了大量的理论、试验及计算研究工作，取得了显著的成就。水电站、长距离输水管路、泵站、火电厂、核电站等领域大量的关于水力过渡过程的研究资料和成果，为工程设计与运行提供了重要的科学依据。

目前，水力过渡过程已形成一门较为成熟和专业的应用学科。结合理论分析和物理实验，计算机数值仿真是解决实际工程瞬变流问题的主要研究手段。

第四节　研究水力过渡过程的意义和目的

水力过渡过程现象往往是由工况改变引起的，虽然是一种暂态但并不罕见，在实际工程运行中常有发生。在水力过渡过程中系统参数，如压力、转速、水位等，可能会比恒定工况时大得多或者小得多，从而引起爆管、机组损坏等严重事故。工程实践表明：由于对水力过渡过程考虑不周、设计不当，相当多的事故发生在这一过程中。

1950年，日本的阿格瓦水电站错误操作蝶阀发生直接水击，造成压力钢管爆破。1955年，希腊的莱昂水电站由于闸门瞬间关闭，水击波冲毁了厂房和闸门室。1971年，云南以礼河三级水电站在一次运行中发生了严重的钢管破坏事故，该电站水头较高，设计水头为589m，当阀门控制系统收到开启球阀信号时，球阀背面没有充水而为空气所填充，在球阀开启过程中，阀前水流在特高的水压力作用下，冲向阀后的空气柱，猛烈压缩空气以致产生超高的压力。1994年，广西天生桥二级水电站甩负荷控制规律不当，发生了水击叠加现象，导致差动式调压室的升管坍塌。福建古田二级电站也曾发生过水击压力使调压室闸门上抬而卡在门槽中的事故。轴流转桨式机组水力过渡过程中可能发生反向水推力大于转动部件自重的抬机问题，直接危及水电站的安全稳定运行。国内外都曾出现过因抬机而影响水电站运行的事件。苏联的卡霍夫、那洛夫和恰尔达林水电站因甩负荷控制规律的问题，都发生过反水锤、抬机现象，导致水轮机、励磁机等损坏。叙利亚的迪什林水电站安装的6×10.5万kW轴流转桨式机组，抬机问题导致转轮叶片多处出现裂纹。1965年，我国的江口水电站导叶关闭动作不当，水力过渡过程中发生抬机，导致励磁机和推力镜板损坏。1974年，长湖水电站调速器发生故障，机组自动甩负荷发生反水锤，导致转子抬高、尾水管中的检修水管的弯头被扭断等事故。还有白鱼潭、回龙寨、拉浪、富春江、西津、富水等水电站也发生过因抬机现象影响安全运行的事件。

在水泵输水管道系统中水击现象也经常发生，而且会造成严重的破坏。1983年，北京某自来水厂水泵出口止回阀的阀瓣突然脱落，冲入阀体收缩处，堵塞了出口，导致瞬时切断水流，从而产生了很高的水击压力，高压水鼓破阀门顶盖，巨大水柱冲坏厂房，水厂被迫停产，致使北京西区当天停水达10h之久。1985年，美国加利福尼亚州的圣俄罗费尔核电站1号机组短路造成二回路中给水泵停运断水，4min后又误操作启动补水泵，从而发生了巨大的空泡溃灭水锤，导致五十多米长的给水管道严重扭曲移位。1995年，长沙某自来水厂水击爆管，造成了很大的损失。

因此，为了防止在水力过渡过程中对管道系统造成危害，在进行工程设计时，开展相应的水力过渡过程分析是十分必要的。

研究水力过渡过程的目的如下。

(1)揭示水力过渡过程的物理本质。例如，关阀与开阀的水击压力过程，水轮机、水泵等水力机械及其系统在各种过渡过程中的动态特性。

（2）确定控制工况下重要参数的极值。例如，蜗壳或喷嘴的最大压力和最小压力，水轮机组转速最大升高值，尾水管真空度，调压室的最高水位和最低水位；水泵机组的最大反向转速、最大反向流量，管线最大压力和最小压力等。

（3）探明水力过渡过程与系统运行的关系。例如，调压室的水位波动与水轮发电机组的运行稳定，部分机组（水轮机、水泵）工况改变，对同一水力单元其他机组运行的影响等。

（4）寻求改善水力过渡过程的有效措施。例如，水轮机导叶或喷针关闭、开启规律的优化，转桨式水轮机桨叶动作规律的整定；调压室的设置，包括采用的类型、结构形式等，取消调压室与管线优化；水泵出口阀门启闭规律优化，惯性飞轮、空气阀、空气罐、单向调压水箱等水锤防护技术。

总之，只有了解水力过渡过程的物理过程，才能指导如何控制过程的重要参数；研究水力过渡过程是寻求防护措施的基础，合理、有效的工程措施是系统安全运行的保障。因此，要开展专业的水力过渡过程分析，需要了解瞬变流基本方程，掌握求解方法，熟悉各类边界条件、各种防护措施，对相应的数学模型、计算技术都需要有系统、深入的学习。

第二章 基本方程

第一节 基本假定

压力管道中的瞬变流或非恒定流，可以用运动方程和连续方程来描述。在方程推导过程中，做了如下基本假定。

(1)压力管道中的流体为一元流，并且流速、压强等水力参数在管道横截面上均匀分布，即假定为一维流动。

(2)管壁和流体都是线弹性的，即管壁和流体的应力与应变成比例。这对于大部分材料的管道，如金属、混凝土等，以及衬砌、不衬砌的隧洞，都是符合实际的。

(3)应用于管道恒定计算的阻力损失公式，对水力过渡过程同样适用。严格来说这个假定有一定的近似性，但从实际使用来看，可以满足工程应用的要求。

第二节 运动方程

为推导压力管道中流体随时间运动变化的运动方程，从管道中取出长度为 $\mathrm{d}x$ 的微元段作为控制体，规定沿中心线的坐标轴 x 与流速 V 的正方向取同一指向，如图 2-1所示。图中：p 为 I 断面上中心点的压强，A 为 I 断面的面积，τ_0 为管壁作用在流体周边上的

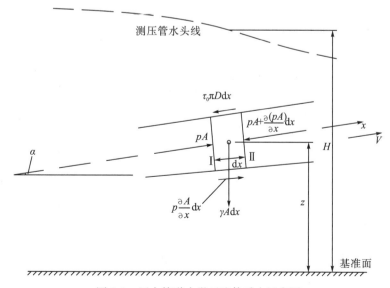

图 2-1 压力管道中微元流体受力示意图

切应力，D 为管道内径，V 为 AB 断面处的平均流速，z 为管道中心线离基准面的高度，H 为测压管水头，γ 为流体容重，ρ 为流体密度，α 为管道中心线与水平线的夹角（当 z 沿 x 的正方向逐渐增加时，α 为正）。

微元段的质量为 $\rho A \mathrm{d}x$，作用在微元段 x 方向上的各作用力分别如下。

(1)作用在 Ⅰ 面上的压力：pA。

(2)管壁对流体的压力：$\left(p + \dfrac{\partial p}{\partial x} \dfrac{\mathrm{d}x}{2} \right) \dfrac{\partial A}{\partial x} \mathrm{d}x \approx p \dfrac{\partial A}{\partial x} \mathrm{d}x$（略去高阶微量）。

(3)作用在 Ⅱ 面上的压力：$-\left[pA + \dfrac{\partial (pA)}{\partial x} \mathrm{d}x \right] = -\left(pA + p \dfrac{\partial A}{\partial x} \mathrm{d}x + A \dfrac{\partial p}{\partial x} \mathrm{d}x \right)$。

(4)管壁对流体的摩阻力：$-\tau_0 \pi D \mathrm{d}x$。

(5)微元段的重力：$-\gamma A \mathrm{d}x \sin\alpha$。

微元段的加速度为 $\mathrm{d}V/\mathrm{d}t$，t 表示时间。根据牛顿第二运动定律，微元段的流体质量对时间的变化率等于作用力的总和，即

$$\rho A \mathrm{d}x \frac{\mathrm{d}V}{\mathrm{d}t} = pA + p \frac{\partial A}{\partial x} \mathrm{d}x - \left(pA + p \frac{\partial A}{\partial x} \mathrm{d}x + A \frac{\partial p}{\partial x} \mathrm{d}x \right) - \tau_0 \pi D \mathrm{d}x - \gamma A \mathrm{d}x \sin\alpha$$

$$(2\text{-}1)$$

化解为

$$A \frac{\partial p}{\partial x} + \tau_0 \pi D + \gamma A \sin\alpha + \rho A \frac{\mathrm{d}V}{\mathrm{d}t} = 0 \qquad (2\text{-}2)$$

采用恒定流中计算沿程水头损失的达西公式，来计算非恒定流中的切应力 τ_0，即

$$\tau_0 = \frac{\rho f V |V|}{8} \qquad (2\text{-}3)$$

式中，f 为沿程阻力系数；用 $V|V|$ 代替 V^2 是为了保证摩阻力的方向总是与流速方向相反。

流体的加速度常用欧拉法表示，即

$$\frac{\mathrm{d}V}{\mathrm{d}t} = \frac{\partial V}{\partial t} + V \frac{\partial V}{\partial x} \qquad (2\text{-}4)$$

式(2-4)右边两项分别为当地加速度、迁移加速度。

将式(2-3)、式(2-4)代入式(2-2)得

$$\frac{1}{\rho} \frac{\partial p}{\partial x} + V \frac{\partial V}{\partial x} + \frac{\partial V}{\partial t} + g \sin\alpha + \frac{f V |V|}{2D} = 0 \qquad (2\text{-}5)$$

对于液体流动，常用测压管水头 H 来代替压强 p，有 $p = \rho g (H - z)$，则

$$\frac{\partial p}{\partial x} = \rho g \left(\frac{\partial H}{\partial x} - \frac{\partial z}{\partial x} \right) = \rho g \left(\frac{\partial H}{\partial x} - \sin\alpha \right) \qquad (2\text{-}6)$$

将式(2-6)代入式(2-5)得

$$g \frac{\partial H}{\partial x} + V \frac{\partial V}{\partial x} + \frac{\partial V}{\partial t} + \frac{f V |V|}{2D} = 0 \qquad (2\text{-}7)$$

这就是有压管道中瞬变流的运动方程。

恒定流是非恒定流的特例，上式也适用于恒定流 $\partial V / \partial t = 0$，若管径不变 $\partial V / \partial x = 0$，则可以变化为

$$\Delta H = -f \frac{\Delta x}{D} \frac{V|V|}{2g} \tag{2-8}$$

这就是计算圆管沿程水头损失的达西公式。

也可以用流量 Q 表示运动方程，由于 $V = Q/A$，则有

$$gA^2 \frac{\partial H}{\partial x} + Q \frac{\partial Q}{\partial x} + A \frac{\partial Q}{\partial t} + \frac{fQ|Q|}{2D} = 0 \tag{2-9}$$

第三节 连 续 方 程

从管道系统中取出长为 dx 的微元段，沿中心线的坐标轴 x 与流速 V 的正方向取同一指向，如图 2-2 所示。

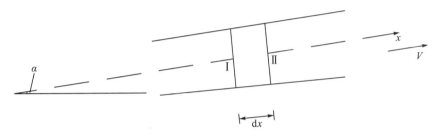

图 2-2 压力管道中的微元流体示意

根据质量守恒原理，单位时间内流入、流出微元段的流体的质量差值，应等于该微元段内的质量增量。在 dt 时间内流入 I 断面的质量为 $\rho A V dt$，从 II 断面流出的质量为 $\left[\rho AV + \frac{\partial(\rho AV)}{\partial x} dx\right] dt$，微元段内质量的增量为 $\frac{d(\rho A dx)}{dt} dt$，因此有

$$\rho AV dt - \left[\rho AV + \frac{\partial(\rho AV)}{\partial x} dx\right] dt = \frac{d(\rho A dx)}{dt} dt$$

即

$$-\frac{\partial(\rho AV)}{\partial x} = \frac{d(\rho A)}{dt} \tag{2-10}$$

变化为

$$-\left(A\rho \frac{\partial V}{\partial x} + AV \frac{\partial \rho}{\partial x} + V\rho \frac{\partial A}{\partial x}\right) = \rho \frac{dA}{dt} + A \frac{d\rho}{dt} \tag{2-11}$$

考虑到流体密度 ρ 和横断面面积 A 沿 x 的变化率都比流速的变化率小得多，式(2-11)左边括号中的第二、第三项可以忽略不计，因此化简为

$$\frac{\partial V}{\partial x} + \frac{1}{A} \frac{dA}{dt} + \frac{1}{\rho} \frac{d\rho}{dt} = 0 \tag{2-12}$$

可以写为

$$\frac{\partial V}{\partial x} + \left(\frac{1}{A} \frac{dA}{dp} + \frac{1}{\rho} \frac{d\rho}{dp}\right) \frac{dp}{dt} = 0 \tag{2-13}$$

式(2-13)中左边第二项括号中的两项都有一定的物理意义：$\frac{1}{A} \frac{dA}{dp}$ 表示当压强发生变化时

横断面面积变化率的相对值；$\dfrac{1}{\rho}\dfrac{\mathrm{d}\rho}{\mathrm{d}p}$ 表示当压强变化时流体密度变化率的相对值。当管道材料、几何尺寸和流体的性质一定时，此两项随时间的变化很小，可以近似地看作常量。

通常令

$$\frac{1}{a^2\rho} = \frac{1}{A}\frac{\mathrm{d}A}{\mathrm{d}p} + \frac{1}{\rho}\frac{\mathrm{d}\rho}{\mathrm{d}p} \tag{2-14}$$

即

$$a = \sqrt{\frac{1}{\rho\left(\dfrac{1}{A}\dfrac{\mathrm{d}A}{\mathrm{d}p} + \dfrac{1}{\rho}\dfrac{\mathrm{d}\rho}{\mathrm{d}p}\right)}} \tag{2-15}$$

式(2-15)就是波速公式的一般形式，将在本章第四节专门讨论。

式(2-13)中压强的导数可以变换为

$$\frac{\mathrm{d}p}{\mathrm{d}t} = \frac{\partial p}{\partial x}\frac{\mathrm{d}x}{\mathrm{d}t} + \frac{\partial p}{\partial t} = V\frac{\partial p}{\partial x} + \frac{\partial p}{\partial t} \tag{2-16}$$

由于 $p = \rho g(H - z)$，即

$$\frac{\mathrm{d}p}{\mathrm{d}t} = \rho g V\frac{\partial H}{\partial x} - \rho g V\sin\alpha + \rho g\frac{\partial H}{\partial t} \tag{2-17}$$

将式(2-14)、式(2-17)代入式(2-13)，整理得

$$\frac{\partial H}{\partial t} + V\frac{\partial H}{\partial x} - V\sin\alpha + \frac{a^2}{g}\frac{\partial V}{\partial x} = 0 \tag{2-18}$$

这就是有压管道中瞬变流的连续方程。

用流量 Q 表示的连续方程为

$$\frac{\partial H}{\partial t} + \frac{Q}{A}\frac{\partial H}{\partial x} - \frac{Q}{A}\sin\alpha + \frac{a^2}{gA}\frac{\partial Q}{\partial x} = 0 \tag{2-19}$$

第四节　水击波速计算

刚性管水击波速的计算公式已在第一章中给出，本章第三节推导出考虑液体压缩和管壁变形的波速公式。由液体体积模量 K 的定义，有 $(\mathrm{d}\rho/\mathrm{d}p)/\rho = 1/K$，式(2-15)可以写为

$$a = \sqrt{\frac{K/\rho}{1 + K\left(\dfrac{1}{A}\dfrac{\mathrm{d}A}{\mathrm{d}p}\right)}} \tag{2-20}$$

求解 $(\mathrm{d}A/\mathrm{d}p)/A$ 的关键在于确定管道横断面面积 A 与压强 p 的关系。一般假定，在水力过渡过程中管壁变形在弹性范围内，因而可以利用弹性力学的理论建立二者之间的函数关系。以下先针对薄壁均一圆管导出计算公式，对其他管道可以作相应的修正。

一、薄壁均一圆管

对于圆管，有

$$\frac{\mathrm{d}A}{A} = \frac{\mathrm{d}(\pi D^2/4)}{\frac{1}{4}\pi D^2} = 2\frac{\mathrm{d}(\pi D)}{\pi D} = 2\mathrm{d}\varepsilon \tag{2-21}$$

式中，ε 为管壁的环向应变，包括分别由环向应力、轴向应力产生的环向应变 ε_2、ε'。

根据胡克定律（Hooke's law），有

$$\varepsilon = \varepsilon_2 + \varepsilon' = \frac{1}{E}(\sigma_2 - \mu\sigma_1) \tag{2-22}$$

式中，E 为管壁的弹性模量；μ 为管材的泊松比；σ_2、σ_1 分别为管壁的环向应力、轴向应力。环向应力可以表示为 $\sigma_2 = Dp/(2\delta)$，δ 为管壁厚度，故有

$$\varepsilon_2 = \frac{1}{E}\frac{D}{2\delta}p \tag{2-23}$$

因此，管壁的环向应变为

$$\varepsilon = \frac{1}{E}\left(\frac{D}{2\delta}p - \mu\sigma_1\right) \tag{2-24}$$

即

$$\mathrm{d}\varepsilon = \frac{D}{2E\delta}\left(1 - \mu\frac{2\delta}{D}\frac{\mathrm{d}\sigma_1}{\mathrm{d}p}\right)\mathrm{d}p \tag{2-25}$$

将式（2-25）代入式（2-21），得

$$\frac{1}{A}\frac{\mathrm{d}A}{\mathrm{d}p} = \frac{D}{E\delta}\left(1 - \mu\frac{2\delta}{D}\frac{\mathrm{d}\sigma_1}{\mathrm{d}p}\right) \tag{2-26}$$

根据管道支承方式的不同，轴向应力 σ_1 有不同的表达式。

1. 管道上游段固定

这时管道能沿轴向运动，轴向应力等于作用在封闭端上的总水压力除以管壁截面积，因此有

$$\mathrm{d}\sigma_1 = \frac{A\mathrm{d}p}{\pi D\delta} = \frac{D\mathrm{d}p}{4\delta} \tag{2-27}$$

代入式（2-26）推导出

$$\frac{1}{A}\frac{\mathrm{d}A}{\mathrm{d}p} = \frac{D}{E\delta}\left(1 - \frac{\mu}{2}\right) \tag{2-28}$$

2. 全管段固定

这时管道没有轴向运动，轴向应变等于零，即

$$\frac{1}{E}(\sigma_1 - \mu\sigma_2) = 0 \tag{2-29}$$

可以推求出轴向应力为 $\sigma_1 = \mu\sigma_2$，从而有

$$\mathrm{d}\sigma_1 = \mu\frac{D}{2\delta}\mathrm{d}p \tag{2-30}$$

代入式（2-26）推导出

$$\frac{1}{A}\frac{\mathrm{d}A}{\mathrm{d}p} = \frac{D}{E\delta}(1 - \mu^2) \tag{2-31}$$

3. 管道装有伸缩节

这时管道可以自由运动，轴向应力等于零，即

$$\sigma_1 = 0 \tag{2-32}$$

可相应推导出

$$\frac{1}{A}\frac{dA}{dp} = \frac{D}{E\delta} \tag{2-33}$$

综合上述三种情况，可以得出薄壁均一圆管的波速公式为

$$a = \sqrt{\frac{K/\rho}{1 + \dfrac{KD}{E\delta}C_1}} \tag{2-34}$$

式中，管道上游段固定时，$C_1 = 1 - \mu/2$；全管段固定时，$C_1 = 1 - \mu^2$；管道装有伸缩节时，$C_1 = 1$。另外，当 $C_1 = 0$ 时，即表示刚性管。

常温下水的体积模量 K 约为 $2.06 \times 10^9 Pa$，密度 ρ 约为 $998 kg/m^3$，常用管材钢的弹性模量 E 约为 $207 \times 10^9 Pa$，泊松比 μ 约为 0.3。刚性管的理论波速接近 1440m/s，工程上一般大钢管中的波速在 1000m/s 左右，而高压小钢管中的波速却可以高达 1200~1400m/s。

二、厚壁圆管

当管壁较厚时，管壁内的应力不再均匀分布。对于 $D/\delta < 25$ 的管道，Halliwell 建议采用式(2-34)的形式计算波速，但系数 C_1 应按下列公式计算。

(1)管道上游段固定时，

$$C_1 = \frac{2\delta}{D}(1 + \mu) + \frac{D}{D + \delta}\left(1 - \frac{\mu}{2}\right) \tag{2-35}$$

(2)全管段固定时，

$$C_1 = \frac{2\delta}{D}(1 + \mu) + \frac{D}{D + \delta}(1 - \mu^2) \tag{2-36}$$

(3)管道装有伸缩节时，

$$C_1 = \frac{2\delta}{D}(1 + \mu) + \frac{D}{D + \delta} \tag{2-37}$$

可以看出，约束形式对厚壁管中波速的影响不如薄壁管那样明显，δ/D 越小，以上各式就越接近薄壁管的公式。

三、圆形隧洞

1. 无衬砌

圆形隧洞可视为管壁厚度极大的厚壁圆管，这时式(2-35)~式(2-37)中右边的第二项可以忽略不计，因而有 $C_1 = 2\delta(1 + \mu)/D$，代入式(2-34)得

$$a = \sqrt{\dfrac{K/\rho}{1 + \dfrac{2K}{E_R}(1+\mu)}} \qquad (2\text{-}38)$$

式中，E_R 为隧洞建筑材料的弹性模量。可以看出，圆形隧洞内的波速与隧洞直径无关。

2. 有衬砌

隧洞内加和隧洞材料接触的钢衬后，隧洞中的波速要比无衬砌时增加一些。若钢板衬砌和隧洞的泊松比的影响都忽略不计，可以采用 $C_1 = 2E\delta/(E_R D + 2E\delta)$，即

$$a = \sqrt{\dfrac{K/\rho}{1 + \dfrac{2KD}{E_R D + 2E\delta}}} \qquad (2\text{-}39)$$

式中，E、δ 分别为钢衬的弹性模量和厚度。

四、其他管道

1. 钢筋混凝土管

可以换算成等价厚度的均质钢管来计算波速。换算的原则：按弹性模量的比例改变钢筋混凝土管的厚度。由于钢筋混凝土的弹性模量比钢的弹性模量小，所以等价钢管的厚度总是比原厚度小。

2. 塑料管

可以采用钢管的波速公式来计算塑料管中的波速，只是弹性模量应取塑料的相应值。

3. 非圆截面管

在某些情况下可能出现非圆截面管，例如，水轮机尾水管的扩散段就是一个变截面的矩形管，方形的进水口段等。针对方形管和矩形管，Jenkner 建议了 $(\mathrm{d}A/\mathrm{d}p)/A$ 的估算方法。

方形管：

$$\frac{1}{A}\frac{\mathrm{d}A}{\mathrm{d}p} = \frac{B}{E\delta} + \frac{B^3}{15E\delta^3} \qquad (2\text{-}40)$$

式中，B 为边宽；右边第一项表示管壁受拉应力的影响；第二项表示弯曲应力的影响。

矩形管：

$$\frac{1}{A}\frac{\mathrm{d}A}{\mathrm{d}p} = \frac{B^4}{15ED\delta^3}R \qquad (2\text{-}41)$$

式中，B、D 分别为管宽和管高；R 为考虑矩形影响的系数，其值可按式(2-42)计算。

$$R = \frac{6-5\alpha}{2} + \frac{1}{2}\left(\frac{D}{B}\right)^5\left[6 - 5\alpha\left(\frac{B}{D}\right)^2\right] \qquad (2\text{-}42)$$

式中，$\alpha = \dfrac{1 + (D/B)^3}{1 + D/B}$。

　　方形管或矩形管受力后的变形，一般来说比圆形管大，因此，其中的波速比圆形管要小很多。例如，在圆形管中波速可达 $800\sim1000\mathrm{m/s}$，而在相同条件下的方形管或矩形管中，波速往往为 $300\sim500\mathrm{m/s}$。

第三章　水力过渡过程实用解法

在第二章中已经推导出了有压管道中瞬变流的基本方程：运动方程和连续方程。水击方程是拟线性双曲方程组，无法直接求出解析解。20 世纪 60 年代以前，为了求得解答，忽略非线性项，使方程式转化成标准的波动方程，然后运用数学物理方程的方法求出其通解，得到两个波函数，再根据初始条件和边界条件求出特解，得到连锁方程。由于对基本方程式忽略的因素太多，再加上手算方法很难处理复杂的边界条件，所以计算的精度受到影响，难以满足工程实际的需要。

有压管道中瞬变流的基本方程是一组双曲线型偏微分方程，可以用差分法求解。目前，特征线方法是求解管道系统水力过渡过程使用最普遍的计算方法，具有如下显著的优点。

（1）稳定性准则可以建立。

（2）边界条件容易编写程序，便于处理复杂系统。例如，水力机组（水轮机、水泵）边界本身是非线性的，使用特征线方法不致形成很大的非线性方程组，使得求解大为简化。

（3）能适用于各种管道水力过渡过程分析。

（4）在所有差分法中具有较好的精度。

以下介绍 Streeter 和 Wylie 提出的特征线方法的计算原理。

第一节　特征线方程

瞬变流的运动方程和连续方程可以写成如下形式：

$$L_1 = g\frac{\partial H}{\partial x} + V\frac{\partial V}{\partial x} + \frac{\partial V}{\partial t} + \frac{fV|V|}{2D} = 0 \tag{3-1}$$

$$L_2 = \frac{\partial H}{\partial t} + V\frac{\partial H}{\partial x} - V\sin\alpha + \frac{a^2}{g}\frac{\partial V}{\partial x} = 0 \tag{3-2}$$

这两个方程用一个因子 λ 进行线性组合，得到

$$L_1 + \lambda L_2 = g\frac{\partial H}{\partial x} + V\frac{\partial V}{\partial x} + \frac{\partial V}{\partial t} + \frac{fV|V|}{2D} + \lambda\left(\frac{\partial H}{\partial t} + V\frac{\partial H}{\partial x} - V\sin\alpha + \frac{a^2}{g}\frac{\partial V}{\partial x}\right)$$

$$= \lambda\left[\frac{\partial H}{\partial t} + \left(V + \frac{g}{\lambda}\right)\frac{\partial H}{\partial x}\right] + \left[\frac{\partial V}{\partial t} + \left(V + \lambda\frac{a^2}{g}\right)\frac{\partial V}{\partial x}\right] + \frac{fV|V|}{2D} - \lambda V\sin\alpha \tag{3-3}$$

令

$$V + \frac{g}{\lambda} = V + \lambda\frac{a^2}{g} = \frac{\mathrm{d}x}{\mathrm{d}t} \tag{3-4}$$

将式（3-4）代入式（3-3）可得

$$\lambda\left[\frac{\partial H}{\partial t}+\frac{\partial H}{\partial x}\frac{\mathrm{d}x}{\mathrm{d}t}\right]+\left[\frac{\partial V}{\partial t}+\frac{\partial V}{\partial x}\frac{\mathrm{d}x}{\mathrm{d}t}\right]+\frac{fV|V|}{2D}-\lambda V\sin\alpha=0 \tag{3-5}$$

根据微分法则 $\dfrac{\mathrm{d}H}{\mathrm{d}t}=\dfrac{\partial H}{\partial t}+\dfrac{\partial H}{\partial x}\dfrac{\mathrm{d}x}{\mathrm{d}t}$，$\dfrac{\mathrm{d}V}{\mathrm{d}t}=\dfrac{\partial V}{\partial t}+\dfrac{\partial V}{\partial x}\dfrac{\mathrm{d}x}{\mathrm{d}t}$，有

$$\lambda\frac{\mathrm{d}H}{\mathrm{d}t}+\frac{\mathrm{d}V}{\mathrm{d}t}+\frac{fV|V|}{2D}-\lambda V\sin\alpha=0 \tag{3-6}$$

从式(3-4)可以导出 λ 的两个特定解

$$\lambda=\pm\frac{g}{a} \tag{3-7}$$

以及

$$\frac{\mathrm{d}x}{\mathrm{d}t}=V\pm a \tag{3-8}$$

式中，λ 为特征常数。

将式(3-7)代入式(3-6)，再结合式(3-8)，可以得到两组常微分方程：

$$C^{+}\begin{cases}\dfrac{\mathrm{d}H}{\mathrm{d}t}+\dfrac{a}{g}\dfrac{\mathrm{d}V}{\mathrm{d}t}+\dfrac{afV|V|}{2gD}-V\sin\alpha=0 & (3\text{-}9)\\[3mm]\dfrac{\mathrm{d}x}{\mathrm{d}t}=V+a & (3\text{-}10)\end{cases}$$

$$C^{-}\begin{cases}\dfrac{\mathrm{d}H}{\mathrm{d}t}-\dfrac{a}{g}\dfrac{\mathrm{d}V}{\mathrm{d}t}-\dfrac{afV|V|}{2gD}-V\sin\alpha=0 & (3\text{-}11)\\[3mm]\dfrac{\mathrm{d}x}{\mathrm{d}t}=V-a & (3\text{-}12)\end{cases}$$

式(3-10)和式(3-12)分别称为正、负特征线方程，式(3-9)和式(3-11)分别称为在 C^{+}、C^{-} 特征线上成立的相容性方程。特征线方法通过引入两个特征常数 λ，将原来的两个偏微分方程转换成了两个常微分方程。这两个方程有一个约束：只有满足式(3-10)和式(3-12)时，方程(3-9)和方程(3-11)才成立。

一般情况下管道内的波速远大于流速，即 $a\gg V$，故可以略去特征线方程中的 V。另外，相容性方程中的 $V\sin\alpha$ 项也可以忽略不计。因此，上述方程可以简化为

$$C^{+}\begin{cases}\dfrac{\mathrm{d}H}{\mathrm{d}t}+\dfrac{a}{g}\dfrac{\mathrm{d}V}{\mathrm{d}t}+\dfrac{afV|V|}{2gD}=0 & (3\text{-}13)\\[3mm]\dfrac{\mathrm{d}x}{\mathrm{d}t}=a & (3\text{-}14)\end{cases}$$

$$C^{-}\begin{cases}\dfrac{\mathrm{d}H}{\mathrm{d}t}-\dfrac{a}{g}\dfrac{\mathrm{d}V}{\mathrm{d}t}-\dfrac{afV|V|}{2gD}=0 & (3\text{-}15)\\[3mm]\dfrac{\mathrm{d}x}{\mathrm{d}t}=-a & (3\text{-}16)\end{cases}$$

$\mathrm{d}x/\mathrm{d}t=\pm a$ 在 $x\text{-}t$ 平面上是斜率为 $\pm a$ 的两族曲线，称为特征线。对于给定的管道，a 通常为常数，故一般在 $x\text{-}t$ 平面上画出来就是两条直线，如图 3-1 所示。特征线代表扰动波的传播路线，如一个扰动波 t_0 时刻时在 A 处，Δt 时间后波到达 P 点。只有沿这两条特征线，方程(3-13)和方程(3-15)才成立。

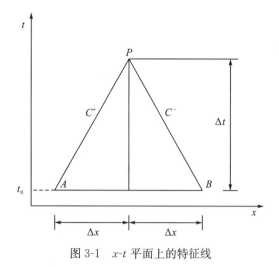

图 3-1　$x\text{-}t$ 平面上的特征线

以下通过分析一个简单管系统，来说明 $x\text{-}t$ 平面上特征线的物理意义。左边上游边界为恒定水位的水池，右边下游端为阀门，这个系统用 $x\text{-}t$ 平面表示，如图 3-2 所示。在 $t=0$ 时管道中水流处于稳定状态，突然瞬时关闭阀门，关阀所产生的正压波将向上游传播，波传播的路径可以用 BC 线表示。由于上游边界为恒定水位的水池，没有扰动波，状态不会改变，故区域 1 的状态仅取决于初始条件，区域 2 的状态则取决于下游边界条件，因此，特征线把两类解区分开。如果在上、下游边界同时施加扰动，这时存在正、负两条特征线 AC 线和 BC 线，其中，AC 线把上游边界和初始条件区域分隔开，BC 线把下游边界和初始条件区域分隔开，初始条件影响区域如图 3-3 所示。

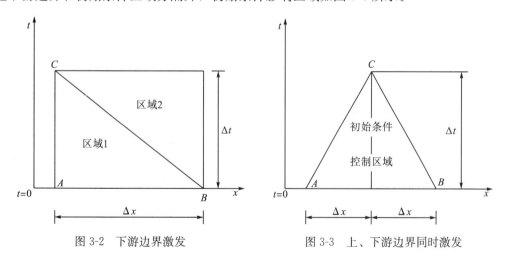

图 3-2　下游边界激发　　　　　　　　图 3-3　上、下游边界同时激发

第二节　有限差分方法

对于求解上述 C^+、C^- 方程的方法，Streeter 和 Wylie 使用的有限差分方法足够精确，以下主要介绍这种方法。

一、有限差分方程

水力过渡过程计算要求给出管道各个节点处压力和流速（流量）随时间的变化，因此，可以把长度为 L 的管道分成 N 段，每一段的长度为 $\Delta x = L/N$。时间也分成若干段，取时间步长满足 $\Delta t = \Delta x/a$，这样就可以在 $x\text{-}t$ 平面上绘出矩形网格，如图 3-4 所示。矩形网格的对角线就是特征线，AP、BP 分别是正、负特征线。

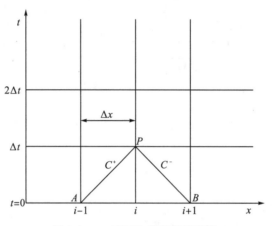

图 3-4 $x\text{-}t$ 平面上的特征线网格

相容性方程(3-13)在 AP 正特征线上成立，以 $\mathrm{d}t = \mathrm{d}x/a$ 乘该方程，并引入管道流量 $Q = AV$，然后沿此 C^+ 特征线积分得

$$\int_A^P \mathrm{d}H + \frac{a}{gA}\int_A^P \mathrm{d}Q + \frac{f}{2gDA^2}\int_A^P |Q|Q\mathrm{d}x = 0 \tag{3-17}$$

即

$$H_P - H_A + \frac{a}{gA}(Q_P - Q_A) + \frac{f}{2gDA^2}\int_A^P |Q|Q\mathrm{d}x = 0 \tag{3-18}$$

式(3-18)最后一项是由摩擦阻力引起的损失，其中积分号里的 Q 沿 x 是变化的，假设被积函数在 A 点可导，则有

$$\int_A^P |Q|Q\mathrm{d}x = \int_A^P \Big[\, |Q_A|Q_A + 2|Q_A|\Big(\frac{\mathrm{d}Q}{\mathrm{d}x}\Big)\Big|_A (x - x_{i-1}) + O\,(x - x_{i-1})^2 \Big]\mathrm{d}x$$

$$= |Q_A|Q_A\Delta x + |Q_A|\Big(\frac{\mathrm{d}Q}{\mathrm{d}x}\Big)\Big|_A \Delta x^2 + O(\Delta x^3) \tag{3-19}$$

式中，$x_{i-1} \leqslant x \leqslant x_i$。

1. 二阶近似

当忽略式(3-19)中 Δx 的三阶微量，并取 $(\mathrm{d}Q/\mathrm{d}x)_A = (Q_P - Q_A)/\Delta x$ 时，可以得到二阶近似积分式：

$$\int_A^P |Q|Q\mathrm{d}x = |Q_A|Q_P\Delta x \tag{3-20}$$

该公式的计算精度高于一阶近似积分式，且具有较好的数值稳定性（杨开林，2000）。

另外，还有两种二阶近似方法（王学芳等，1995）：

$$\int_A^P |Q|Q\mathrm{d}x = \left|\frac{Q_A + Q_P}{2}\right|\frac{Q_A + Q_P}{2}\Delta x \tag{3-21}$$

$$\int_A^P |Q|Q\mathrm{d}x = \frac{Q_A|Q_A| + Q_P|Q_P|}{2}\Delta x \tag{3-22}$$

当摩擦阻力引起的损失较大时，采用二阶近似可以提高解的精度和保证解的稳定性。

2. 一阶近似

当忽略式(3-19)中 Δx 的二阶以上微量时，可以得到一阶近似积分式：

$$\int_A^P |Q|Q\mathrm{d}x = |Q_A|Q_A\Delta x \tag{3-23}$$

在大多数情况下，摩阻项采用一阶近似积分可以满足需要。在后面的分析中，主要采用该一阶近似积分式。

将式(3-23)代入式(3-18)，可以得出

$$H_P = H_A - \frac{a}{gA}(Q_P - Q_A) - \frac{f\Delta x}{2gDA^2}|Q_A|Q_A \tag{3-24}$$

同理，对相容性方程(3-15)沿 C^- 特征线 BP 积分，可以求得

$$H_P = H_B + \frac{a}{gA}(Q_P - Q_B) + \frac{f\Delta x}{2gDA^2}|Q_B|Q_B \tag{3-25}$$

令 $B = a/(gA)$，$R = f\Delta x/(2gDA^2)$，这两个方程可以写为

$$C^+ \qquad H_P = C_P - BQ_P \tag{3-26}$$

$$C^- \qquad H_P = C_M + BQ_P \tag{3-27}$$

式中，

$$C_P = H_A + BQ_A - R|Q_A|Q_A \tag{3-28}$$

$$C_M = H_B - BQ_B + R|Q_B|Q_B \tag{3-29}$$

可以看出，对于给定的管道，B 和 R 为常数，C_P、C_M 分别由 A 点、B 点的参数确定。

由式(3-26)和式(3-27)，可以得出求解管道中间节点断面的公式：

$$H_P = \frac{C_P + C_M}{2} \tag{3-30}$$

$$Q_P = \frac{C_P - C_M}{2B} \tag{3-31}$$

求解水力过渡过程问题时，通常从 $t=0$ 时的定常状态开始。管道每个节点断面的 H 和 Q 在 $t=0$ 时的初始值是已知的，即式(3-30)和式(3-31)中的 C_P、C_M 是已知数，因此，可以求出 $t=\Delta t$ 时步每个中间节点断面（边界节点除外）的 H_P 和 Q_P。同时，需要求出 $t=\Delta t$ 时边界节点断面的参数。然后就可以接着进行 $t=2\Delta t$ 时步的相应计算。以此类推，一直计算到要求的时间为止。

二、解的稳定性和收敛条件

上面所介绍的有限差分方法，当 Δt 和 Δx 趋近于零时能够得到精确的解，这个解接

近于原微分方程的解，认为计算是收敛的。若在方程中用有限项有理数表示无理数所引入的误差在求解过程中增大，则认为这种方法是不稳定的；若引入的误差在求解过程中不会增大，则认为这种方法是稳定的。收敛包含稳定，确定收敛或稳定的方法，对于非线性方程是非常困难的。有人建议对收敛或稳定的研究，可通过用不同的 $\Delta t/\Delta x$ 比值求方程的数值解，然后分析计算结果来加以判断，或者通过线性化基本方程来对收敛稳定进行分析、研究。如果方程的非线性项相对较小，有理由认为适用于简化方程收敛和稳定的评判标准对原来的非线性方程也是有效的（陈家远，2008）。

Courant 等指出，要使上述差分方程式(3-24)和式(3-25)的计算是稳定的，需要满足条件：$\Delta t/\Delta x<1/a$。这个条件意味着图 3-1 中通过 P 点的特征线不应落在 AB 线段以外。对于中心差分格式，只要满足条件 $\Delta t/\Delta x=1/a$，差分格式就能得到精确的解。因此，有限差分方程式(3-24)和式(3-25)的稳定、收敛条件为

$$\frac{\Delta t}{\Delta x}\leqslant\frac{1}{a} \tag{3-32}$$

这个条件称为 Courant 稳定条件。

第三节　基本边界方程

前面介绍的公式只适用于求解管道中间节点断面。在边界点，如管道的一端，只有一个相容性方程可以利用。对上游端只能用在负特征线上成立的相容性方程，而下游端只能用在正特征线上成立的相容性方程。由于有压头 H_P 和流量 Q_P 两个变量，还需要给出另外的方程，即边界条件。本节先介绍几种常用的基本边界条件的求解方法。

1. 上游水库（水池）

对上游容积较大的水库（水池），短时间内水位 H_R 的变化是非常小的，可以忽略不计。如图 3-5 所示，认为管道进口处的压头 H_P 为常数，即

$$H_P=H_R \tag{3-33}$$

由负特征线上的相容性方程 $H_P=C_M+BQ_P$，可以求得

$$Q_P=\frac{H_R-C_M}{B} \tag{3-34}$$

当考虑进口局部水头损失时，上游边界方程为

$$H_P=H_R-\alpha|Q_P|Q_P \tag{3-35}$$

式中，α 为进口损失系数；Q_P 取绝对值可通用于流入、流出情况。式(3-35)和相容性方程联解，可以求出上游进口处的 H_P 和 Q_P。

另外，一般计算采用的时间步长 Δt 很小，式(3-35)中的 $|Q_P|$ 可以用前一时刻的 $|Q|$ 替换，这样能简化计算程序，求解出

$$Q_P=\frac{H_R-C_M}{B+\alpha|Q|} \tag{3-36}$$

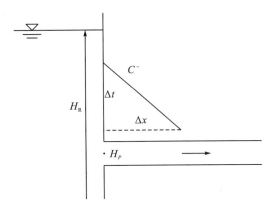

图 3-5 上游水库(水池)边界

2. 下游水池或河道

与管道的水力过渡过程相比,下游水池或河道的水位变化较为缓慢,一般可以认为管道出口处的水头为常数,如图 3-6 所示。采用类似的处理方法,利用正特征线上的相容性方程,来确定下游水池或河道的边界条件:

$$H_P = H_d \tag{3-37}$$

$$Q_P = \frac{C_P - H_d}{B} \tag{3-38}$$

式中,H_d 为下游水池或河道的水位。同理,可以采用类似的方法,来考虑管道出口局部水头损失。

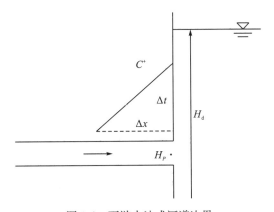

图 3-6 下游水池或河道边界

3. 下游端为盲端

盲端的流量为零,即 $Q_P = 0$。利用 C^+ 方程,可以得到

$$H_P = C_P \tag{3-39}$$

水轮机导叶、水泵出口阀门、管道出口阀门等全关闭时,其上游侧的末端就属于这种边界。

4. 下游端的阀门

在恒定流时，通过阀门的流量 Q_0 可以表示为

$$Q_0 = (C_D A_G)_0 \sqrt{2g \Delta H_0}$$
(3-40)

式中，C_D 为流量系数；A_G 为阀门开启面积；ΔH_0 为通过阀门的压降，即阀门断面的前后压差。Q_0 值与 ΔH_0 值一般采用阀门全开情况，可以查阅阀门资料。

在非恒定流时，通过阀门的暂态流量 Q_P 仍然保持上述关系式，有

$$Q_P = (C_D A_G)_P \sqrt{2g \Delta H_P}$$
(3-41)

定义阀门的无量纲开度系数为

$$\tau = \frac{(C_D A_G)_P}{(C_D A_G)_0}$$
(3-42)

当阀门关闭时，$\tau = 0$，当阀门全开时，$\tau = 1$。另外，根据关系式 $\Delta H_P = \zeta (Q_P/A)^2/(2g)$，其中 ζ 为阀门阻力系数，A 为阀门处管道截面面积，可以推导出

$$\tau = \sqrt{\frac{\zeta_0}{\zeta}}$$
(3-43)

式中，ζ_0 为阀门全开时的阻力系数。阀门的关闭或开启规律应该事先给出，即阀门开度 y（一般用相对值）与时间 t 的关系是确定的。阀门开度与无量纲开度系数的关系，可以查阅相关资料的数据表或曲线图。例如，由阀门不同开度下的阻力系数，根据上式可推求相应的 τ 值。也就是说，在水力过渡过程中，每一时步时的阀门无量纲开度系数 τ 是已知的。

因此，可以得出

$$Q_P = \frac{\tau Q_0}{\sqrt{\Delta H_0}} \sqrt{\Delta H_P}$$
(3-44)

若水力坡度线的基准与阀门轴线一致，阀门后的压头为零，有 $\Delta H_P = H_P$，如图 3-7 所示。

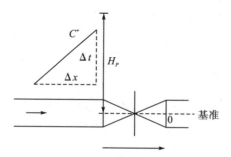

图 3-7 下游端的阀门

结合正特征线上的相容性方程 $H_P = C_P - B Q_P$，可以解出

$$Q_P = -B C_V + \sqrt{C_V^2 B^2 + 2 C_V C_P}$$
(3-45)

式中，$C_V = Q_0^2 \tau^2/(2 \Delta H_0)$，显然为已知数。求出 Q_P 后即可得到 H_P。

参考《水力学》（吴持恭，1995）中蝶阀阻力特性资料，可推算出相应的无量纲开度

系数，如表 3-1 所示，相应的曲线如图 3-8 所示。蝶阀完全开启时阻力系数 ζ_0 与阀瓣结构有关，缺乏资料时可近似取 0.20。

表 3-1　蝶阀阻力特性表

阀门开度/(°)	阻力系数 ζ	相对开度 y	无量纲开度系数 τ
0(全开)	0.20	1.000	1.0000
5	0.24	0.944	0.9129
10	0.52	0.889	0.6202
15	0.90	0.833	0.4714
20	1.54	0.778	0.3604
25	2.51	0.722	0.2823
30	3.91	0.667	0.2262
35	6.22	0.611	0.1793
40	10.80	0.556	0.1361
45	18.70	0.500	0.1034
50	32.60	0.444	0.0783
55	58.80	0.389	0.0583
60	118.00	0.333	0.0412
65	256.00	0.278	0.0280
70	751.00	0.222	0.0163
90	∞	0.000	0.0000

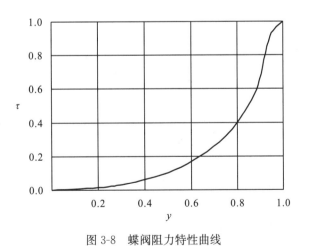

图 3-8　蝶阀阻力特性曲线

5. 管道中的阀门

如果阀门装设在管道中间，这时应该作为内部边界点处理。如图 3-9 所示，阀门前面、后面管道参数的下标分别用 1、2 表示。

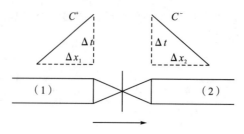

图 3-9 管道中的阀门

对于正向流动，通过阀门的压降可以表示为

$$\Delta H_P = H_{P1} - H_{P2} \tag{3-46}$$

代入式(3-44)，通过阀门的流量 Q_P 为

$$Q_P = \frac{\tau Q_0}{\sqrt{\Delta H_0}} \sqrt{H_{P1} - H_{P2}} \tag{3-47}$$

同时，应用 C^+、C^- 方程，有

$$H_{P1} = C_{P1} - B_1 Q_{P1} \tag{3-48}$$

$$H_{P2} = C_{M2} + B_2 Q_{P2} \tag{3-49}$$

式中，H_{P1}、Q_{P1} 分别是阀门上游断面的压头和流量；H_{P2}、Q_{P2} 分别是阀门下游断面的压头和流量。很显然，有 $Q_P = Q_{P1} = Q_{P2}$。由以上方程，可以解出：

$$Q_P = -C_V(B_1 + B_2) + \sqrt{C_V^2 (B_1 + B_2)^2 + 2C_V(C_{P1} - C_{M2})} \tag{3-50}$$

在发生反向流动时，通过阀门的流量 Q_P 可以表示为

$$Q_P = -\frac{\tau Q_0}{\sqrt{\Delta H_0}} \sqrt{H_{P2} - H_{P1}} \tag{3-51}$$

同理，可以解出

$$Q_P = C_V(B_1 + B_2) - \sqrt{C_V^2 (B_1 + B_2)^2 - 2C_V(C_{P1} - C_{M2})} \tag{3-52}$$

阀门内水流流向的改变，必然先经历流量为零的瞬态。分析式(3-48)和式(3-49)，易知 $C_{P1} - C_{M2} < 0$，可以作为判断发生反向流动的依据。

另外，为了使方程能通用于正反向流动且具有更好的普适性，式(3-47)可以改写为如下形式：

$$|Q_P| Q_P = \frac{\tau^2 Q_0^2}{\Delta H_0}(H_{P1} - H_{P2}) \tag{3-53}$$

再与 C^+、C^- 方程联立求解，可得

$$Q_P = \frac{C_{P1} - C_{M2}}{B_1 + B_2 + |Q_P|/(2C_V)} \tag{3-54}$$

由于公式右边分母中有未知量 Q_P，不能直接求解，可以采用数值计算方法，如迭代计算等。

求解出 Q_P 后，H_{P1}、H_{P2} 可以由式(3-48)、式(3-49)分别解出。另外，只需要令方程(3-53)中的 $\tau = 1$，就可以作为管道中局部阻力元件的边界条件。

6. 管道中的减压阀

当减压阀上游侧压头 H_{P1} 大于一定值时，其下游侧的压头 H_{P2} 将稳定在设定值

H_{PRV}。参考图 3-9，可以建立如下方程：

$$H_{P2} = H_{\text{PRV}} = \text{const} \qquad (3\text{-}55)$$

另有相应的 C^+、C^- 方程 $H_{P1} = C_{P1} - B_1 Q_{P1}$ 和 $H_{P2} = C_{M2} + B_2 Q_{P2}$，以及 $Q_P = Q_{P1} = Q_{P2}$。从而可得出

$$H_{P1} = C_{P1} - \frac{B_1}{B_2}(H_{\text{PRV}} - C_{M2}) \qquad (3\text{-}56)$$

同时，可以解出通过减压阀的流量 Q_P。

当减压阀上游侧压头降低，降得比减压阀的设定值和其压头损失之和还小时，下游侧的压头将无法维持恒定，此时减压阀相当于一个局部阻力元件，可以采用 $\tau = 1$ 时的阀门边界条件进行求解。

另外，对于不可能发生反向流的减压阀，还需补充边界条件，即 $Q_P \geqslant 0$。

第四节　工业管路系统典型边界

第三节介绍的基本边界方程，是单管中常见的边界条件。在实际工业管道中，系统常包含一根以上参数不同的管道。每根管道内节点参数的计算可以独立进行，其端部参数的计算应该和相应的边界条件或者相连接的管道结合求解，每一个边界条件的计算也是独立完成的。也就是说，所有管道的内节点、边界以及管道间的连接点，在同一瞬时的参数计算都是独立的，这也是显式求解的特点和优势。下面先介绍不同特性管道连接的边界方程，再介绍几种工业管路上常见的边界条件。

对于多管道系统，常用双下标标号法以区别不同管道的不同节点。第一个标号表示管道的编号，第二个标号表示管道节点断面的编号。

1. 管道串联连接

如图 3-10 所示，管道 1 和管道 2 串联连接，两根管道的参数，如内径、糙率、管段长度、波速等可以是不同的。管道 1 被分成了 N 段，其末端、最后一个节点断面的编号用 $N+1$ 表示。

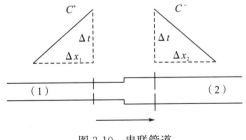

图 3-10　串联管道

在水力过渡过程中，不同管道的连接处满足连续方程；同时，通常认为连接点各侧的测压管水头相等，这一假定相当于忽略接头处的局部损失。据此，可以列出相应的边界方程：

$$\begin{cases} H_P = H_{P(1,N+1)} = H_{P(2,1)} \\ Q_P = Q_{P(1,N+1)} = Q_{P(2,1)} \end{cases} \tag{3-57}$$

两根管道的端部各有相应的 C^+、C^- 方程：

$$\begin{cases} H_{P(1,N+1)} = C_{P1} - B_1 Q_{P(1,N+1)} \\ H_{P(2,1)} = C_{M2} + B_2 Q_{P(2,1)} \end{cases} \tag{3-58}$$

因此，可以求解出串联管道的边界条件为

$$\begin{cases} H_P = \dfrac{B_2 C_{P1} + B_1 C_{M2}}{B_1 + B_2} \\[3mm] Q_P = \dfrac{C_{P1} - C_{M2}}{B_1 + B_2} \end{cases} \tag{3-59}$$

2. 管道分叉连接

图 3-11 给出了工程中较为常见的分叉管道示意，一管分为两管。

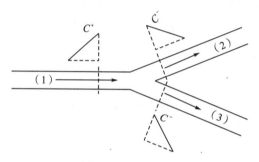

图 3-11 分叉管道

同样，假定连接点各侧的压头相等，利用连续方程和相应的 C^+、C^- 方程，有

$$\begin{cases} H_{P(1,N+1)} = C_{P1} - B_1 Q_{P(1,N+1)} \\ H_{P(2,1)} = C_{M2} + B_2 Q_{P(2,1)} \\ H_{P(3,1)} = C_{M3} + B_3 Q_{P(3,1)} \\ H_P = H_{P(1,N+1)} = H_{P(2,1)} = H_{P(3,1)} \\ Q_{P(1,N+1)} = Q_{P(2,1)} + Q_{P(3,1)} \end{cases} \tag{3-60}$$

可以解出：

$$H_P = \frac{\dfrac{C_{P1}}{B_1} + \dfrac{C_{M2}}{B_2} + \dfrac{C_{M3}}{B_3}}{\dfrac{1}{B_1} + \dfrac{1}{B_2} + \dfrac{1}{B_3}} \tag{3-61}$$

将求解出的 H_P 代入相应的 C^+、C^- 方程，即可得到各个流量。

类似地，对于 n_1 条管道分叉成 n_2 条管道的连接形式，可以按式(3-62)进行求解。

$$H_P = \frac{\displaystyle\sum_{i=1}^{n_1} \frac{C_{Pi}}{B_i} + \sum_{j=1}^{n_2} \frac{C_{Mj}}{B_j}}{\displaystyle\sum_{k=1}^{n_1+n_2} \frac{1}{B_k}} \tag{3-62}$$

3. 短管

主管道和储压器或调压装置之间的短连接管，以及较长管道中的短异径管等，都可以当作短管来处理，如图 3-12 所示。

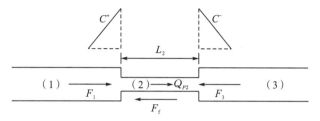

图 3-12　短管

通常假定短管内流体不可压缩，管壁是绝对刚性的，于是短管中的流体可以当作一个刚性体处理。根据牛顿定律，其运动方程可以表示为

$$F_1 - F_3 - F_f = \rho A_2 L_2 \frac{\mathrm{d}V}{\mathrm{d}t} \tag{3-63}$$

式中，F_1、F_3 分别是加在短管两端的压力；F_f 是作用在流体上的摩擦力。通常摩擦项相对较小，可以采用一阶近似处理，即

$$F_f = \frac{f_2 L_2}{2 g D_2 A_2^2} |Q_2| Q_2 \rho g A_2 \tag{3-64}$$

压力则采用二阶近似，即

$$F_1 = \frac{H_{P\langle 1,N+1\rangle} + H_{\langle 1,N+1\rangle}}{2} \rho g A_2 \tag{3-65}$$

$$F_3 = \frac{H_{P\langle 3,1\rangle} + H_{\langle 3,1\rangle}}{2} \rho g A_2 \tag{3-66}$$

将式(3-64)～式(3-66)代入式(3-63)，得出

$$H_{P\langle 1,N+1\rangle} - H_{P\langle 3,1\rangle} = C_1 + C_2 Q_{P2} \tag{3-67}$$

式中，

$$\begin{cases} C_1 = H_{\langle 3,1\rangle} - H_{\langle 1,N+1\rangle} + \dfrac{f_2 L_2}{g D_2 A_2^2} |Q_2| Q_2 - C_2 Q_2 \\[2mm] C_2 = \dfrac{2 L_2}{g A_2 \Delta t} \end{cases} \tag{3-68}$$

应用 C^+、C^- 方程及连续方程，有

$$\begin{cases} H_{P\langle 1,N+1\rangle} = C_{P1} - B_1 Q_{P\langle 1,N+1\rangle} \\ H_{P\langle 3,1\rangle} = C_{M3} + B_3 Q_{P\langle 3,1\rangle} \\ Q_{P\langle 1,N+1\rangle} = Q_{P\langle 3,1\rangle} = Q_{P2} \end{cases} \tag{3-69}$$

式(3-67)与式(3-69)联立求解，可得

$$Q_{P2} = \frac{C_{P1} - C_{M3} - C_1}{B_1 + B_3 + C_2} \tag{3-70}$$

求出流量 Q_{P2} 后，压头就可以由式(3-69)解出。

4. 集中流容

在管道旁接的串联的容器，如密闭水箱等，可以当作集中流容来处理，如图 3-13 所示。

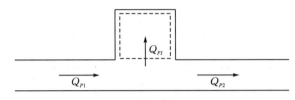

图 3-13 集中流容元件

假设虚线内整个区域在任何瞬间的压头都相等，摩擦和惯性的影响很小，可忽略不计，用一个有效弹性体积模数 K' 来表示流体和容器的弹性影响，即

$$K' = \frac{\Delta p}{\Delta \forall / \forall} \tag{3-71}$$

式中，$\forall$、$\Delta \forall$ 分别为容器的体积和体积变化；压强变化 $\Delta p = \rho g (H_P - H)$。

设流入容器的流量为正，根据连续条件，在 Δt 时间内进入容器的流体容积等于容器的体积变化。采用有限差分的形式，$\Delta \forall$ 可以表示为

$$\Delta \forall = \frac{Q_{PJ} + Q_J}{2} \Delta t \tag{3-72}$$

式中，Q_{PJ}、Q_J 分别为开始时和 Δt 时间后流入容器的流量。将式 (3-72) 代入式 (3-71)，可以得出

$$\rho g (H_P - H) = \frac{K'}{2 \forall} (Q_{PJ} + Q_J) \Delta t \tag{3-73}$$

再利用连续方程和 C^+、C^- 方程，可以得到如下方程组：

$$
\begin{cases}
H_P = H + \dfrac{K' \Delta t}{2 \rho g \forall} (Q_{PJ} + Q_J) \\
H_{P1} = C_{P1} - B_1 Q_{P1} \\
H_{P2} = C_{M2} + B_2 Q_{P2} \\
H_P = H_{P1} = H_{P2} \\
Q_{PJ} = Q_{P1} - Q_{P2}
\end{cases} \tag{3-74}
$$

可以解出：

$$H_P = \frac{H + \dfrac{K' \Delta t}{2 \rho g \forall} \left(\dfrac{C_{P1}}{B_1} + \dfrac{C_{M2}}{B_2} + Q_J \right)}{1 + \dfrac{K' \Delta t}{2 \rho g \forall} \left(\dfrac{1}{B_1} + \dfrac{1}{B_2} \right)} \tag{3-75}$$

将求解出的 H_P 代入 C^+、C^- 方程，即可得到各个流量。如果容器的体积变化较大，那么应该在每一时步上对 $\forall$ 进行修正。

上述集中流容的边界方程，可以用于处理短的盲端管、液体蓄压器、凝汽器的水箱以及系统中的短软管等边界问题。

5. 凝汽器

用于冷却发电机组的凝汽器，一般由很多根小冷却水管及两端的水箱组成，有些大机组采用多个水箱，如图 3-14 所示。

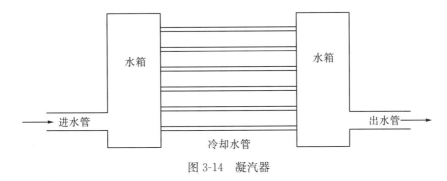

图 3-14　凝汽器

n 根冷却水管可以用一根当量管来代替，其参数下标用 DL 表示，则应有如下关系式：

$$
\begin{cases}
A_{\mathrm{DL}} = \displaystyle\sum_{i=1}^{n} A_i \\[2mm]
R_{\mathrm{DL}} = \dfrac{f_i \Delta x}{2g D_i A_{\mathrm{DL}}^2} \\[2mm]
a_{\mathrm{DL}} = a_i
\end{cases}
\tag{3-76}
$$

也就是说，当量管的面积等于全部冷却水管的总面积，水头损失等于一根冷却水管的水头损失，波速采用冷却水管的波速。

冷却水管作为一根连接水箱的当量管，可以采用管道分段的计算方法，凝汽器水箱可按集中流容考虑。单个水箱与前后管连接，应用集中流容的边界方程求解。类似地，依次求解各个水箱及前后管的暂态参数，计算完成整个凝汽器边界。

第五节　时间步长和管道分段

管道系统一般由多条管路组成，在水力过渡过程计算中应使用统一的时间步长 Δt，以方便在管道连接处利用边界条件。同时，计算所选择的相同时间步长 Δt，应满足 Courant 稳定条件 $\Delta t \leqslant \Delta x / a$。系统中有 k 根管道，时间步长采用如下关系式来确定。

$$
\Delta t = \frac{L_1}{a_1 N_1} = \frac{L_2}{a_2 N_2} = \cdots = \frac{L_k}{a_k N_k}
\tag{3-77}
$$

式中，L、a 为管道的长度和波速；N 为管道所分成的段数。由于 N 是整数，容易看出：上述关系可能不会恰好满足。

实际上，管道内的波速并不是精确知道的，微量调整波速是允许的，这不会影响计算结果的精度。因此，可以稍微调整一下各根管道的波速值，以保证 N 是整数。通常先确定统一的时间步长，在管道分段时反算出波速值，即

$$a_i(1 \pm \psi_i) = \frac{L_i}{\Delta t N_i}, \quad i = 1, 2, \cdots, k \tag{3-78}$$

式中，ψ_i 为波速的允许偏差，通常要求不超过 15%。从系统中一根短的管道开始，通过改变 N 值试算，使各管道波速的调整值尽量接近目标值 a_i。如果发现调整的波速变化较大，还可以减小时间步长 Δt，重新进行试算。

　　实践表明：对波速进行少量调整，以满足统一时间步长的方法是合理有效的，一般可以做到普遍满足方程式的要求。

第六节　带插值的特征线方法

　　在水力过渡过程计算中时间步长 Δt 保持不变，同时，特征线方法要求满足 Courant 稳定条件：

$$\frac{\Delta x}{\Delta t} \geqslant a + V \tag{3-79}$$

该稳定条件取等号，且忽略管道流速 V 时，R、S 就分别落在 A、B 网格点上，这就是前面介绍的无插值的特征线网格。

一、插值特征线方法

　　当管道流速与水击波速相比不是很小时，应考虑流速的影响。因此，对于更普遍的情况，R 和 S 本身不在网格点上，如图 3-15 所示。

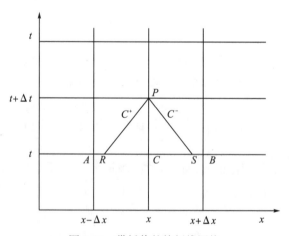

图 3-15　带插值的特征线网格

　　从偏微分方程数值解的理论可知，为了得到稳定的解，选择网格比 $\theta = \Delta t / \Delta x$ 时要满足 Courant 稳定条件。故该稳定条件得到满足时，两条特征线与网格的交点 R 和 S 就一定落在线段 AB 内。这两条特征线差分方程的形式为

$$C^+ \qquad x_C - x_R = (V_R + a_R)\Delta t \tag{3-80}$$

$$C^- \qquad x_C - x_S = (V_S - a_S)\Delta t \tag{3-81}$$

沿两条特征线积分，仍然可以得到 C^+、C^- 相容性方程

$$\begin{cases} H_P = C_P - BQ_P \\ H_P = C_M + BQ_P \end{cases} \tag{3-82}$$

只是式中的 C_P、C_M 是由 R、S 两点的参数来确定，即

$$\begin{cases} C_P = H_R + BQ_R - R_R |Q_R| Q_R \\ C_M = H_S - BQ_S + R_S |Q_S| Q_S \end{cases} \tag{3-83}$$

A、B 两点的参数是已知的，问题就是如何推求出 R、S 两点的参数，再计算出 C_P、C_M 值。

利用线性插值的方法，可以建立如下关系：

$$\frac{x_C - x_R}{x_C - x_A} = \frac{Q_C - Q_R}{Q_C - Q_A} \tag{3-84}$$

$$\frac{x_C - x_R}{x_C - x_A} = \frac{H_C - H_R}{H_C - H_A} \tag{3-85}$$

式中，$x_C - x_A = \Delta x$。把式(3-80)代入式(3-84)，令 $\theta = \Delta t / \Delta x$，$V_R = Q_R / A$，可以解出

$$Q_R = \frac{Q_C - (Q_C - Q_A)\theta a_R}{1 + \dfrac{\theta}{A}(Q_C - Q_A)} \tag{3-86}$$

同理，对于 S 点有

$$Q_S = \frac{Q_C - (Q_C - Q_B)\theta a_S}{1 - \dfrac{\theta}{A}(Q_C - Q_B)} \tag{3-87}$$

式中，A 为管道截面积。

用类似的方法，可以得出 H_R、H_S：

$$H_R = H_C - (H_C - H_A)\theta \frac{Q_R}{A} - (H_C - H_A)\theta a_R \tag{3-88}$$

$$H_S = H_C + (H_C - H_B)\theta \frac{Q_S}{A} - (H_C - H_B)\theta a_S \tag{3-89}$$

阻力系数 $R_R = f(x_C - x_R)/(2gDA^2)$，把式(3-84)代入得出

$$R_R = \frac{f}{2gDA^2} \frac{Q_C - Q_R}{Q_C - Q_A} \Delta x \tag{3-90}$$

同理，S 点上

$$R_S = \frac{f}{2gDA^2} \frac{Q_C - Q_S}{Q_C - Q_B} \Delta x \tag{3-91}$$

由上述公式可知，并不需要事先求出 x_R 和 x_S，就可以解出 R、S 两点的参数。

二、插值误差分析

应该指出：插值不可避免地会带来一定的误差。为了分析插值误差，考虑一种简单的情况。由一根简单管道和末端阀门组成的系统，不考虑摩擦阻力，在 $t=0$ 时阀门瞬时关闭，引起压力波传播。不插值时，压力波在 $t=4\Delta t$ 时由管子末端 B 传到另一端 D，如

图 3-16 所示。

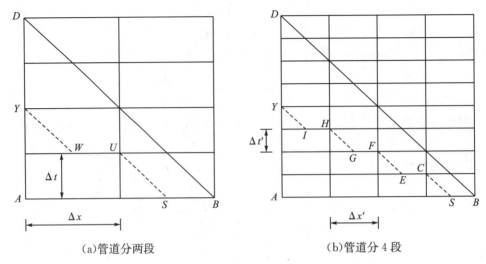

(a)管道分两段　　　　　　　　(b)管道分 4 段

图 3-16　插值误差示意

如图 3-16(a)所示，管道分成两段计算。若采用 50%插值计算，即 $\theta a=0.5$，则 50%的压力波被人为地带到 S 点传播。在 $t=\Delta t$ 时压力波到达 U 点，同样由于 50%插值计算，25%的压力波被人为地带到 W 点传播，并在 $t=2\Delta t$ 时波到达 Y 点。这表明原始压力波的 25%，比实际时间提前一半时间到达另一端，这是不符合实际情况的。特别地，波传到以后将向回反射，这种插值误差将削减压力峰值。

图 3-16(b)与图 3-16(a)的不同之处在于管道的分段数增加了一倍，即由两段变为 4 段，$\Delta x'=0.5\Delta x$；同时，时间步长相应缩短为一半，即 $\Delta t'=0.5\Delta t$。这时同样是 50%的压力波被人为地带到 S 点传播，在 $t=\Delta t'$ 时波到达 C 点。同样由于插值，25%的压力波被人为地带到 E 点传播，在 $t=2\Delta t'$ 时波到达 F 点。如此继续插值，最终在 $t=4\Delta t'$（$t=2\Delta t$）时到达另一端 Y。压力波仍然是比实际时间提前一半时间到达另一端，但是只有原始压力波的 6.25%提前到达，插值误差大大减小了。由此可见，增加管道的分段数可以减小插值误差。

虽然这种方法不会改变波提前到达另一端的时间，但可以使插值的误差值大大减小。另外，尽量采用微量的插值，即 θa 值尽量接近 1，将可以大大改善插值误差。

应当指出，插值方法的使用与波形有关，波形比较平缓时采用高阶插值公式也能得到满意的结果；而对于波形比较陡的水击波，采用高阶插值会引起计算的不稳定，因而不宜采用。

第四章　水轮机组过渡过程

第一节　概　　述

　　水力发电是一种重要的能源开发方式。水电站水力过渡过程问题，也一直是瞬变流应用研究的重点。水流从水库经管道或隧洞等引水至厂房，再通过水轮发电机组实现将水能转换成电能，发电后的尾水最后排到下游河道，称为水电站的引水发电系统。当水电站的工作状况发生变化时，系统中的水流和机组处于一种瞬变过程。特别是丢弃全部负荷工况下，机组转速会急剧升高，压力管道可能产生较高的水击压力，这将严重威胁系统正常运行。为确保水电站的安全可靠，有必要研究水轮机组过渡过程。

　　由于水轮机特性与水流运动密切相关，水电站水力过渡过程研究必须将水力、机械两方面结合起来进行分析。引水发电系统的管路可以采用管道水力过渡过程的计算方法，水轮机作为一个特别的边界，需要专门处理。20 世纪 40 年代后期，克里夫琴科提出了水电站水击的图解法，以及水轮机导叶理想和合理关闭规律的概念，并利用水轮机模型特性曲线确定边界条件，于 1975 年主编了《水电站动力装置中的过渡过程》。20 世纪 60年代后，Streeter 和 Wylie 基于特征线方法的数值计算逐渐取代了图解法。目前，结合特征线方法，利用水轮机特性确定边界条件，可以较为准确地模拟水轮机组过渡过程。

　　不同种类水轮机组的特性有较大的差异。混流式机组的出力受导叶开度控制，取决于工作水头、流量、效率和转速。轴流转桨式、灯泡贯流式等双重调节机组不仅受导叶控制，还受桨叶调节影响。冲击式水轮机特性受喷针行程和折向器的联合控制，机组流量与转速无关，另外，折向器动作时机组流量与喷嘴流量是有区别的。同一类型的水轮机，应用于不同水头、不同容量时，机组也有明显的个性化特性。因此，开展水电站水力过渡过程计算研究，分析水轮机特性是基础，也是重点。

　　水轮机组属于管道中的内边界点，其上游为引水管，下游为尾水道。另外，机组运行是由调速器控制的，故水轮机组的数学模型还包括调速器边界条件。

第二节　水轮机组特性

一、水轮机参数

　　水轮机运行过程中的特征数据，称为水轮机的工作参数，主要有水头 H、流量 Q、

转速 n、出力 P 和效率 η。要推求机组运行中的工作参数，一般需要通过水轮机的模型特性进行换算。根据相似原理和相似定律，水轮机运行工况采用单位参数表示，即把模型试验成果统一换算到转轮直径为 1m、有效水头为 1m 时的水轮机参数。在假设同系列水轮机的效率都相等的条件下，通常有如下单位参数表达式：

$$
\begin{cases}
n_{11} = \dfrac{nD_1}{\sqrt{H}} \\[2ex]
Q_{11} = \dfrac{Q}{D_1^2\sqrt{H}} \\[2ex]
P_{11} = \dfrac{P}{D_1^2 H^{3/2}} \\[2ex]
M_{11} = \dfrac{M}{D_1^3 H}
\end{cases}
\tag{4-1}
$$

式中，D_1 为水轮机转轮的公称直径；M 为水轮机的力矩；n_{11}、Q_{11}、P_{11} 和 M_{11} 分别为单位转速、单位流量、单位出力和单位力矩。

在确定运行工况时，单位转速 n_{11}、单位流量 Q_{11} 以及效率 η 均可借助水轮机的模型综合特性曲线直接查出，单位出力可由式(4-2)计算。

$$
P_{11} = 9.81 Q_{11}\eta \tag{4-2}
$$

水轮机的力矩可由出力和转速推求，有如下关系：

$$
M = \frac{P}{\omega} \tag{4-3}
$$

式中，ω 为机组角速度，rad/s。机组转速 n 的单位为 r/min，故有 $\omega = \pi n/30$。另有 $P = 9.81QH\eta$，可以得出

$$
M = 294.3\frac{QH\eta}{\pi n} \tag{4-4}
$$

式中，Q 的单位为 m^3/s；H 的单位为 m；M 的单位为 kN·m。将式(4-1)代入式(4-4)，可以导出

$$
M_{11} = 294.3\frac{Q_{11}\eta}{\pi n_{11}} \tag{4-5}
$$

式中，n_{11} 的单位为 r/min；Q_{11} 的单位一般采用 L/s；相应 M_{11} 的单位为 N·m。

二、水轮机模型综合特性曲线

目前，理论分析和计算方法还难以全面、精确地提供水轮机的各种性能，水轮机的特性主要通过模型试验的方法获得。由试验成果绘制的水轮机特性曲线，可以作为推求水轮机工作参数、分析性能指标的依据。

与水轮机特性有关的参数除工作参数外，还有一些几何参数，如转轮直径、导叶（或喷嘴）的开度，对于转桨式水轮机还有桨叶角度等。当需要综合考察水轮机各参数之间的相互关系时，通常把表示水轮机各种性能的曲线绘于同一张图上，这种曲线称为水轮机的综合特性曲线。根据水轮机相似理论，同系列水轮机在相似工况下单位流量、单位转

速分别相等，一定的 n_{11}、Q_{11} 值就决定了一个相似工况。也就是说，可以以 n_{11}、Q_{11} 为参变量表示同系列水轮机在不同工况下的情况。综合特性曲线是以单位转速 n_{11} 和单位流量 Q_{11} 分别作为纵、横坐标轴绘制而成。这种综合特性曲线一般由模型试验的方法获得，故称为水轮机模型综合特性曲线。

不同类型水轮机的模型综合特性曲线具有不同的特点，掌握各类特性是开展水轮机组暂态分析的基础。下面先介绍各种类型水轮机模型综合特性曲线的特点。

1. 混流式水轮机模型综合特性曲线

混流式水轮机模型综合特性曲线如图 4-1 所示，主要由等效率线、等开度线、等空化系数线、出力限制线和飞逸特性曲线所构成。通常，制造厂家只提供机组正常运行范围内效率较高的区域。根据曲线图水轮机的单位流量和效率，可以分别由 $Q_{11}=Q_{11}(n_{11}, a_0)$ 和 $\eta=\eta(n_{11}, a_0)$ 来描述，即两个参数都是由 n_{11} 和 a_0 确定，a_0 为导叶开度（或用接力器行程 y 表示）。由式(4-5)知 $M_{11}=f(n_{11}, Q_{11}, \eta)$，因此，单位力矩 M_{11} 也与单位转速 n_{11} 和导叶开度 a_0 有关。

图 4-1 左上角的小图为水轮机飞逸特性曲线，代表水轮机效率等于零的工况点。该曲线表示出各导叶开度下的单位飞逸转速，以及对应的单位流量值。

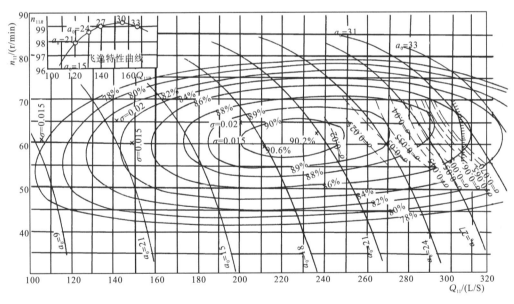

图 4-1　混流式水轮机模型综合特性曲线

2. 转桨式水轮机模型综合特性曲线

与混流式水轮机相比，转桨式水轮机的模型综合特性曲线增加了等叶片转角线，如图 4-2 所示。也就是说，转桨式水轮机的单位流量 Q_{11}、效率 η 和单位力矩 M_{11}，是由单位转速 n_{11}、导叶开度 a_0 及桨叶角度 φ 三个参数确定的。转桨式水轮机模型综合特性曲线代表机组在协联方式工作时的特性，即当水轮机工作水头或负荷发生变化时，通过协联机构使桨叶角度随导叶开度作相应的改变，可以保证水轮机具有良好的运行效率。

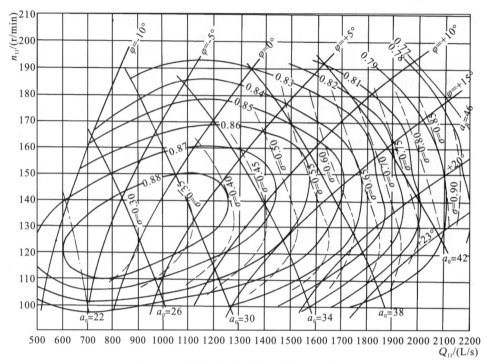

图 4-2　转桨式水轮机模型综合特性曲线

实际上，每一个桨叶角度 φ 下，通常都有相应定桨式的模型综合特性曲线，如图 4-3 所示。图中虚线为效率包络线，即转桨式水轮机在协联工况下的等效率线。转桨式机组在过渡过程中不一定保持协联关系，这时就需要利用一系列不同桨叶角度下的定桨式特性曲线。

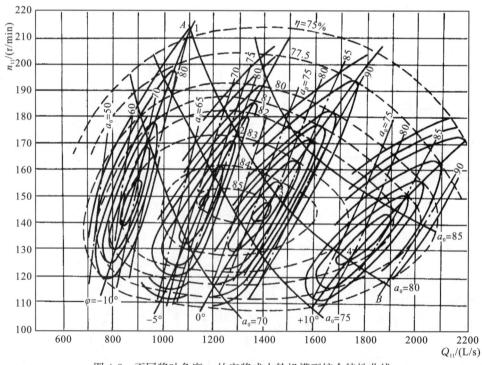

图 4-3　不同桨叶角度 φ 的定桨式水轮机模型综合特性曲线

3. 冲击式水轮机模型综合特性曲线

冲击式水轮机的流量仅与喷嘴开度 a_0（喷针行程）有关，而与机组转速无关，故等开度线是与 Q_{11} 坐标轴近似垂直的直线。也就是说，正常运行时冲击式水轮机的单位流量 Q_{11} 仅由喷嘴开度 a_0 确定，如图 4-4 所示。效率 η、单位力矩 M_{11} 由单位转速 n_{11} 和喷嘴开度 a_0 两个参数确定。

需注意的是：在分析冲击式水轮机过渡过程时，若折向器（分流器）参与动作，则需要考虑机组双重调节下的情况，即喷嘴开度和折向器（分流器）特性。

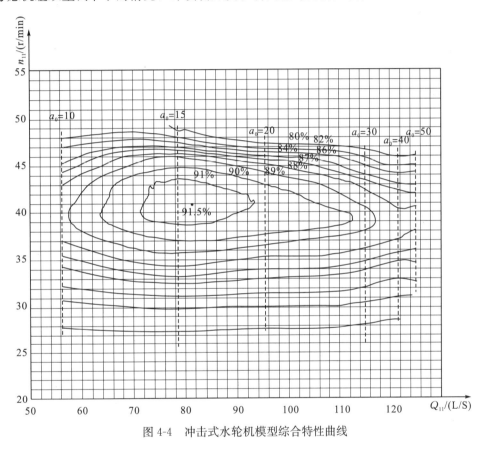

图 4-4　冲击式水轮机模型综合特性曲线

第三节　水轮机组过渡过程类别及历程

一、水轮机组过渡过程类别

水电站在运行时由于工况变化调节导水机构，流量会发生相应的改变，系统中的水轮机组将处于过渡过程中。在这一过程中水轮机的参数将随时间发生变化，如导叶开度、转桨式的桨叶角度、流量、水头、转速、力矩、轴向水推力，以及蜗壳和尾水管的压力等。常规水电站的过渡过程主要有机组启动、增负荷、减负荷、停机、甩负荷、进入飞

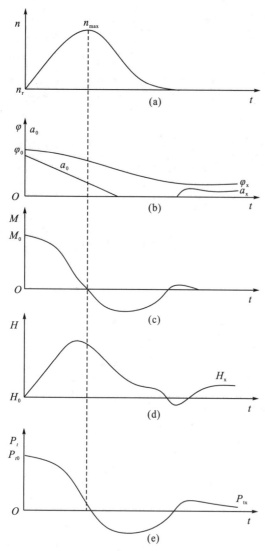

图 4-5　转桨式水轮机甩负荷过渡过程

逸和脱离飞逸等，有些还有发电转调相工况等。

突然甩全负荷为大波动过渡过程，对机组的安全运行威胁最大。下面以转桨式水轮机为例，说明各种参数的变化规律，图 4-5 给出了甩负荷过渡过程的示意。假定随着导叶的关闭，转轮桨叶也逐渐关闭，即二者仍保持协联关系，这一过程主要经历以下几个阶段。

(1)发电机因某种原因突然从电网脱离时，作用在机组上的负荷瞬时降为零，即阻力矩在很短时间内消失。由于机组上的力矩不平衡，转速开始迅速上升，如图 4-5(a)所示。

(2)随后调速器给导水机构指令，水轮机导叶开始关闭，转轮桨叶也开始动作，如图 4-5(b)所示。随着导水机构动作、水轮机流量减小，机组动力矩开始相应地逐渐减小，如图 4-5(c)所示。在动力矩减小的过程中，机组转速上升的速度逐渐减慢。水轮机的水头先是上升，随后由于水击波的反射又会逐渐下降，如图 4-5(d)所示。同时，水轮机的轴向水推力 P_t 也开始减小，如图 4-5(e)所示。

(3)当导叶关闭到某一开度时，将出现动力矩等于零，即通过水轮机的水流能量全部消耗在机械损失和水力损失中。此时，机组转速达到最大值，n_{max} 等于该对应导叶开度下的飞逸转速值。水轮机轴向水推力的变化过程与动力矩基本相似，也出现等于零、然后改变方向为负，但比动力矩要稍晚，如图 4-5(e)所示。

(4)随着导叶的继续关闭，水轮机开始进入制动工况区，动力矩转为负值。也就是说，机组必须释放出能量以平衡高转速下的能量损失，于是转速开始下降。当导叶完全关闭之后，机组在制动作用下逐渐回到额定转速附近，然后开启导叶。在这一过程中，受水击波反射作用，水轮机的暂态水头甚至低于起始水头。

(5)最后导叶和桨叶都稳定在空载开度、角度位置，机组运行在额定转速 n_r，水轮机稳定在一个高于起始水头的新水头上，机组动力矩等于零，水轮机轴向水推力大于零。

二、各类过渡过程的历程

根据过渡过程中机组参数的变化规律，可以在模型综合特性曲线中画出历程线，有助于加深了解各种过渡过程的特点，如图 4-6～图 4-8 所示。图中，水轮机效率 $\eta=0$ 的线表示飞逸工况，该线将特性曲线图分成水轮机工况区Ⅰ和制动工况区Ⅱ。需要指出的是，特性曲线是在恒定工况下绘制出来的，故各种历程线只能定性地说明变化情况。

下面以混流式水轮机为例，对各种过渡过程的历程线进行描述。假定各稳定运行工况下的水头相等，即认为各稳定工况点的单位转速均等于起始(或正常运行)的单位转速 n_{110}。

1．机组启动

机组接收到开机指令后，从停机状态打开水轮机导叶，机组转速从零开始逐步上升；当导叶越过空载开度 a_x 之后，转速急剧上升直到等于额定转速；然后导叶再回到空载开度的位置，并保持机组为额定转速，对应于起始单位转速，如图 4-6 所示，历程线为 $O1A$。达到并网条件以后，机组就可以投入电网。

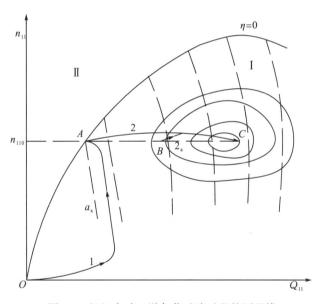

图 4-6　机组启动、增负荷过渡过程的历程线

2．机组增负荷

机组在电网中运行时，增负荷有两种情况：一种是从空载增加负荷至规定值，即从 A 点开始；另一种是机组已经带有负荷，增加到要求值，即从 B 点开始，如图 4-6 所示。接收到增负荷信号后，导叶开启、流量增加，水轮机动力矩、出力随着增大，直到机组达到要求的负荷值，历程线分别为 $A2C$、$B2_aC$。

由于导叶开启时管道内产生负水击，所以在这一过程中水轮机的水头降低。在增负荷过程中机组转速保持额定值不变，由单位转速表达式 $n_{11}=nD_1/\sqrt{H}$ 容易看出：增负荷过程中的单位转速大于 n_{110}。这就是增负荷历程线 $A2C$ 和 $B2_aC$ 从 n_{110} 线上面通过的原因。

3．机组减负荷

机组减负荷时未脱离电网，此过程机组始终维持正常转速运行。收到减负荷信号后导叶关闭、流量减小，引水道内产生正水击，即暂态过程的单位转速小于 n_{110}。因此，减负荷过程的历程线将从 n_{110} 线下面通过。如果减掉全部负荷则历程线将终于 A 点，历程线为 $C3A$，如果只减掉部分负荷则历程线将终于新工况 D 点，历程线为 $C3_aD$，如图 4-7 所示。

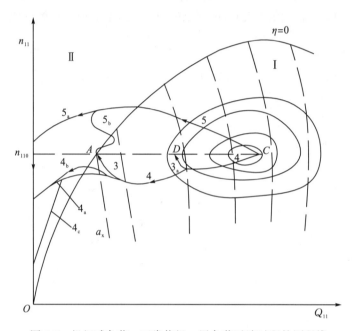

图 4-7　机组减负荷、正常停机、甩负荷过渡过程的历程线

4．机组正常停机

机组正常停机的前一阶段与减掉全部负荷的过程相同，后一阶段与后者的区别：当导叶运动到空载开度 a_x 位置时还将继续关闭。随后历程线将越过飞逸工况线（效率 η 等于零）进入到制动区Ⅱ，直到机组完全停止、到达原点 O，即导叶开度、机组转速均为零，如图 4-7 中的曲线 4。

历程线 4 在越过空载开度 a_x 以后的路径，与机组从电网切除的时间有关。如果正好在机组出力等于零时切除，那么将沿 4_a 平顺地到达原点 O；如果切除时间略有提前，则水轮机组尚有多余出力，导致转速略有升高，故历程线将沿 4_b 线运动；如果切除时间略有滞后，由于存在较大的制动力矩，机组转速将很快降低，历程线将沿 4_c 急剧下降。

5．机组甩负荷

机组甩负荷是指带负荷运行的机组突然脱离电网，然后在调节系统的控制下机组转为空载运行或停机，如图 4-7 中的曲线 5。甩负荷属于事故停机，虽然发生的概率不大，但是是一种危险的过渡过程，在水电站运行中需要重点关注。

甩负荷后发电机的电磁阻力矩突然降为零，机组转速快速上升。为避免转速上升过高，要求导叶较快地关闭。因此，在这一过程中流量会很快减小，随之引水道内将产生较大的正水击，使得蜗壳暂态压力、水轮机暂态水头相应增大。随着导叶的关闭，水轮机力矩减小，当力矩为零(效率 η 等于零)时机组转速达到最大值，即到达飞逸工况线。导叶继续关闭，水轮机进入制动工况区 II、力矩为负值，机组转速开始降低。如果导叶关完后保持为关闭，历程线就一直在制动工况区，沿 5_a 线到达原点 O。如果导叶关到空载开度即停止动作，然后转为空载运行，由于会发生过调节现象，导叶将重新打开，比空载开度大，又会回到水轮机工况区 I，然后导叶又关闭再次进入制动工况区。因此，历程线将沿 5_b 线往复几次穿过飞逸工况线，最后停止在直线 n_{110} 与飞逸工况线的交点 A 上。

6. 进入飞逸

在机组突然甩负荷时，如果调节系统因故障拒绝动作，导叶未能及时关闭而保持开度不变。由于输出的电磁力矩为零，输入的水流动力矩除少部分消耗于机械损失外，其余大部分将使机组转速急剧升高。因此，进入飞逸的历程线 6 与初始开度线重合，最后到达飞逸工况线点 E 处，如图 4-8 中的曲线 $C6E$。

发生飞逸时机组转速很大，由于离心力与转速的平方成正比，当机组进入飞逸工况时产生的离心力是很大的。强大的离心力可能损害机组转动部件和轴承系统，引起机组及厂房的强烈振动。另外，转动部件不平衡所引起的动负荷也将大大增加，对机组运行是很危险的。因此，飞逸是一种严重的事故，不允许机组在飞逸工况下长时间运行。

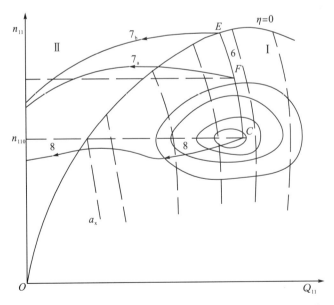

图 4-8　进入飞逸、脱离飞逸、发电转调相过渡过程的历程线

7. 脱离飞逸

如果机组飞逸到了 E 点，这时只有强制导叶关闭，使机组转速降低。该历程线将从

E 点开始沿 7_b 线运动到停机为止，如图 4-8 中所示的历程线 $E7_bO$。

　　在一般情况下，机组是不允许飞逸到 E 点的。在水电站的事故保护系统中，通常都装有防飞逸的保护措施，如设置事故配压阀用于事故停机。当机组发生飞逸，转速达到转速继电器设定值时，该继电器将发出信号，通过事故配压阀强迫导叶迅速关闭。随后机组转速仍继续增加，但上升速度大大降低，一直到水轮机力矩为零时转速达到一个最大值。最后，机组进入制动工况区Ⅱ。上述过程同甩负荷过程类似。该历程线从 F 点开始沿 7_a 线运动到停机位置点 O，如图 4-8 所示。

　　如果采用快速闸门使机组脱离事故飞逸，则导叶开度保持不变。引水道内水力损失增加、水轮机的工作水头相应减小，使得转速、流量很快减少，到最后都等于零。

　　8. 发电转调相

　　发电转调相的过渡过程中，在导叶没有完全关闭之前与正常停机相同。在导叶关闭完成后，水电站将从电网吸收能量，维持机组在正常转速下运转，其历程线如图 4-8 中的曲线 8 所示。

第四节　水轮机特性曲线的处理

　　在水轮机组过渡过程分析中，通常假定恒定流条件下得到的模型特性也适用于瞬变流情况。在制造厂提供的模型综合特性曲线中，一般只给出了较大导叶开度区以及一定单位转速范围内的水轮机特性，该特性主要为高效率区，仅为水轮机正常运行时的工作区域，如图 4-9 中的虚线框。从第三节分析可知，水轮机组发生过渡过程时，历程线已远

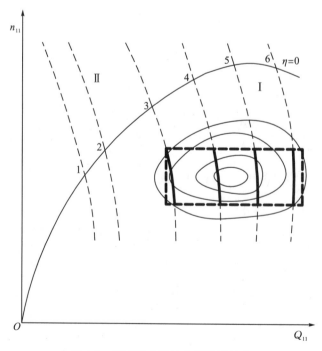

图 4-9　模型综合特性曲线插补示意

远超出模型综合特性曲线给出的正常运行范围，将进入非常宽阔的工况区域，如导叶小开度工况区、制动工况区等。因此，仅有水轮机工况区特性，对于过渡过程计算分析是远远不够的，还需要补充特性曲线，包括小开度区、大单位转速区和某些制动区等。但是，目前水轮机模型试验无法满足这一要求，一般水轮机都没有全特性。为此，在开展水轮机组过渡过程计算前，必须拓展、处理水轮机的特性曲线。另外，还需要把水轮机全特性曲线进行数字化处理，以方便数值计算。

下面以混流式水轮机为例，介绍处理水轮机特性曲线的方法和步骤。

一、模型综合特性曲线的插补

1. 飞逸工况线（效率 $\eta = 0$）

制造厂提供的模型综合特性曲线中，同时会给出水轮机飞逸特性曲线，该曲线有各种不同的表示方法，图 4-10 为其中一种绘制形式。根据提供的飞逸特性曲线，可以查出不同导叶开度 a_0 下的单位飞逸转速及单位流量，以该单位流量、单位转速为坐标点在模型综合特性曲线中确定各点，如图 4-9 中的点 1～6。以点 1～6 为控制点，坐标原点（Q_{11} $=0$，$n_{11}=0$）为目标作光滑延伸，即可得到完整的飞逸工况线。尽量提取飞逸特性曲线小开度附近的数据，以提高小开度区飞逸工况点的准确性。

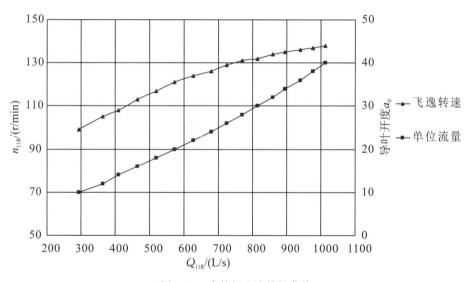

图 4-10　水轮机飞逸特性曲线

2. 等开度线的插补

在模型综合特性曲线上绘出飞逸工况线后，就可以插补等开度线了。先选取较大开度下的任意开度线（如图 4-9 中粗实线），其与飞逸工况线的交点为已知（如 3～6 点），相应的交点作为目标点向高单位转速区进行光滑顺延（如图 4-9 中虚线），可以得到包括制动区的单位流量特性。向低单位转速工况区的延伸，可基于已有等开度线的趋势依据经验进行光滑拓展(如图 4-9 中虚线)。

对小开度下等开度线进行补充,主要依据是其在飞逸工况线上的交点(如图 4-9 中 1～2 点),以及已经拓展出来的等开度线。利用等单位转速 n_{11} 与较大开度线、飞逸工况线的交点,以及坐标原点($a_0 = 0$,$Q_{11} = 0$),先光滑绘制等 n_{11} 下的 $a_0 \sim Q_{11}$ 辅助曲线。然后查出在该 n_{11} 下任意小开度对应的 Q_{11},这样就确定出该小开度工况在模型综合特性曲线上的坐标位置。依据需要选取若干个等 n_{11},从相应的 $a_0 \sim Q_{11}$ 辅助曲线上查出对应的坐标点(Q_{11},n_{11})。同理,依次查出各小开度下的坐标点。最后在模型综合特性曲线上绘出这些坐标点,光滑连接对应的各点,即可插补出需要的小开度下的等开度线。还有一种简单的处理方法:以小开度线在飞逸工况线上的交点为基点,直接根据已有较大等开度线的趋势进行人工插补。

这样就可以得到较大单位转速范围内,包括水轮机工况区、制动区,各个导叶开度下的单位流量特性。

3. 水轮机效率的插补

水力过渡过程计算中涉及的水轮机效率,只需要提供等开度线与等单位转速线交点的效率值即可。因此,对于水轮机效率特性,不需要补充绘制完整的等效率曲线。

等开度线拓展、补充完成后,可以方便地插补水轮机的效率。类似地,利用等单位转速 n_{11} 与各条等效率线的交点,以及与飞逸工况线的交点($\eta = 0$),光滑绘制等 n_{11} 下的 $\eta \sim Q_{11}$ 辅助曲线。然后结合对应等 n_{11} 下的 $a_0 \sim Q_{11}$ 辅助曲线,即可以查出任一开度在该 n_{11} 处的效率值。同理,可以依次插补出任一开度与各单位转速交点处的效率值。

这样就可以获得水轮机工况区的全面效率特性。

二、全特性曲线的处理

通过上述插补技术,即可获得水轮机模型的全特性,可供分析机组暂态过程使用。开展水轮机组过渡过程计算,通常要用单位力矩特性曲线,为方便程序调用还需进一步处理。第五节将会介绍,计算时一般是给定导叶开度 a_0、假定单位转速 n_{11},然后找出对应的单位流量 Q_{11} 和单位力矩 M_{11},最后确定原型水轮机的流量、转速、水头、力矩或出力、效率等暂态参数。因此,水轮机全特性曲线还需转化为以导叶开度 a_0 为参变量,$Q_{11} \sim n_{11}$ 和 $M_{11} \sim n_{11}$ 的关系曲线。

1. $Q_{11} \sim n_{11}$ 关系曲线

各导叶开度下单位流量和单位转速的关系曲线,可以由上述等导叶开度线对换纵横坐标即可。另外,还包括导叶完全关闭的工况线($a_0 = 0$,$Q_{11} = 0$),如图 4-11(a)所示,1～6 为相应的飞逸工况点。

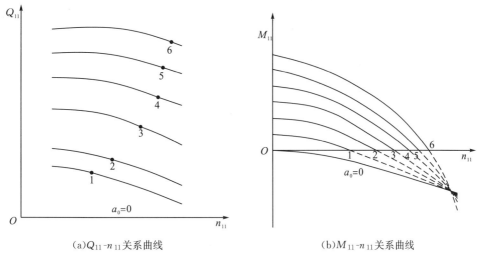

(a)Q_{11}-n_{11}关系曲线　　　　(b)M_{11}-n_{11}关系曲线

图 4-11　水轮机全特性曲线

2. M_{11}-n_{11} 关系曲线

一般情况下，模型综合特性曲线不提供单位力矩值。某一个导叶开度 a_0 在任意单位转速 n_{11} 下，其单位流量 Q_{11}、效率 η 均为已知，可通过公式 $M_{11}=294.3Q_{11}\eta/(\pi n_{11})$ 计算确定 M_{11} 值。具体步骤如下。

(1)先列表计算各 a_0 在不同 n_{11} 时的控制点$(M_{11}，n_{11})$，并在 M_{11}-n_{11} 坐标系下绘出这些坐标点；同时，绘制与横坐标的交点 1～6，也就是各开度下的飞逸工况点$(\eta=0)$，如图 4-11(b)所示。

(2)然后以相应的交点(飞逸工况点)为目标，光滑连接各坐标点，可以绘制出水轮机工况区的 M_{11}-n_{11} 关系曲线。

(3)绘制导叶完全关闭 $a_0=0$ 时制动工况区的 M_{11}-n_{11} 关系曲线。此时，水轮机单位流量与单位转速无关、恒为零。研究表明：$a_0=0$ 的力矩特性曲线是顶点在坐标原点的抛物线，具体形状与水轮机的比转速 n_s 有关。沈祖诒(1998)、杨开林(2000)提供了混流式水轮机 HL957、HL638、HL662 在导叶开度 $a_0=0$ 的单位力矩特性曲线，如图 4-12 所示。图中：依照参考文献，M_{11} 单位为 $9.81\text{N}\cdot\text{m}(\text{kg}\cdot\text{m})$，使用时应注意换算。三种型号对应低比转速、中比转速和高比转速，n_s 分别为 130、187 和 207。在缺乏单位力矩特性时，可以参考相近比转速值下的特性曲线，或者根据比转速值内插确定。其中，水轮机比转速的计算公式为 $n_s=3.65n_{11}\sqrt{Q_{11}\eta}$，采用设计工况或最优工况的 n_{11} 和 Q_{11}。

(4)导叶开度 $a_0>0$ 制动工况区的 M_{11}-n_{11} 关系曲线，可以由已绘制曲线的趋势，同时考虑 $a_0=0$ 的单位力矩特性，依据经验进行光滑延伸，如图 4-11(b)中虚线所示。

上述拓展插补出来的制动工况区的单位力矩特性曲线，有较大的近似性，计算采用时应注意合理分析和调整。

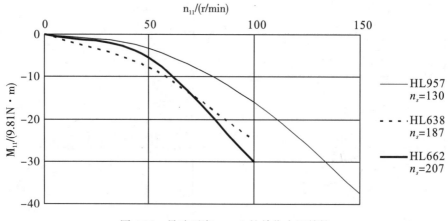

图 4-12　导叶开度 $a_0 = 0$ 的单位力矩特性

三、水轮机特性数据的处理

前面的步骤中已绘制出 Q_{11}-n_{11}、M_{11}-n_{11} 关系曲线，然而还需提取、存储相关数据，以方便计算机程序采用，这个过程称为水轮机特性曲线的数字化。一般情况下，采用表格的形式存储水轮机特性数据。

根据需要选取 m 个单位转速值，分别与上述关系曲线图中的等导叶开度线相交，即可获得单位流量和单位力矩的二维数据表，如表 4-1 和表 4-2 所示，其中，$a_0 = 0$ 对应导叶完全关闭时的数据。用表格形式存储的水轮机特性是不连续的，在计算过程中需要根据已知的导叶开度、单位转速，通过插值提取暂态单位流量和单位力矩。一般采用抛物线插值法，精度可以满足需要。

表 4-1　水轮机 Q_{11}-n_{11} 数据表

	$a_0 = 0$	$a_0(1)$	$\cdots$	$a_0(n)$
$n_{11}(1)$	0	Q_{11}	$\cdots$	Q_{11}
$\vdots$	$\vdots$	$\vdots$		$\vdots$
$n_{11}(m)$	0	Q_{11}	$\cdots$	Q_{11}

表 4-2　水轮机 M_{11}-n_{11} 数据表

	$a_0 = 0$	$a_0(1)$	$\cdots$	$a_0(n)$
$n_{11}(1)$	M_{11}	M_{11}	$\cdots$	M_{11}
$\vdots$	$\vdots$	$\vdots$		$\vdots$
$n_{11}(m)$	M_{11}	M_{11}	$\cdots$	M_{11}

四、水轮机特性曲线的其他处理

上述处理方法，是将水轮机单位流量、单位力矩分别表示为单位转速和导叶开度的关系。在设定水轮机蜗壳压力变化规律、求解导叶最优关闭规律等问题时，也可以根据需要将水轮机导叶开度表示为单位转速和单位流量的函数关系或数据表。

冲击式水轮机和轴流定桨式水轮机特性曲线的处理方法，与混流式水轮机是相同的。

对于轴流转桨、贯流转桨等水轮机，流量、力矩特性除受导叶开度的控制，还与转轮的桨叶角度有关。正常工作时转桨式水轮机在协联工况下运行，即导叶开度与桨叶角度保持协联关系，以保证水轮机的效率最优。对于导叶和桨叶仍能保持协联关系的过渡过程，与混流式水轮机类似，可以应用模型综合特性曲线的数据，只是增加导叶开度所对应的桨叶角度。

在事故甩负荷过渡过程中，导叶与桨叶不再保持协联关系，这时协联工况下的模型综合特性曲线不再适用于转桨式水轮机。为确定出暂态过程的参数，必须利用桨叶角度从最小到最大范围内的一系列定桨特性曲线。与混流式水轮机特性曲线的处理方法类似，以导叶开度为参变量，对每一个桨叶角度都插补出全面的 Q_{11}-n_{11} 和 M_{11}-n_{11} 的数据表。对转桨式水轮机组，有时还需要计算分析过渡过程中的轴向水推力及抬机问题，那么就还需要提供一系列桨叶角度下的轴向水推力数据表。也就是说，对转桨式水轮机需存储各桨叶角度下的全特性数据表，程序计算时依据暂态桨叶角度进行插值。

抽水蓄能电站采用可逆式机组，同时承担抽水和发电双重任务。对于可逆式水轮机特性曲线，有专门的处理方法，可以查阅其他相关资料。

第五节　水轮机组边界方程及解法

水电站水力过渡过程多源于水轮机组的状态改变，例如，机组甩负荷后转速升高，导叶在调速器的控制下关闭，从而引发系统流量、压力的水力瞬变。这一过程涉及水轮机的水头平衡方程和转动方程，也就是水轮机组的边界方程，以下分别进行推导和求解。

一、水头平衡方程

水轮机水头的定义：蜗壳进口和尾水管出口截面处，单位重量水流能量的差值。如图 4-13 所示，水轮机的上、下游管道分别用下标 1、2 表示，则水轮机水头可以表示为

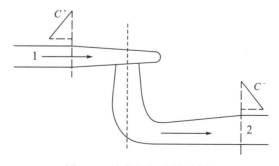

图 4-13　水轮机组边界示意图

$$H = H_{P1} + \frac{Q_{P1}^2}{2gA_1^2} - \left(H_{P2} + \frac{Q_{P2}^2}{2gA_2^2} \right) \tag{4-6}$$

当需要计入蜗壳、尾水管的水流惯性时，通常按当量管处理，并作为水轮机节点的上、下游管道。在这种情况下，为简化边界条件，水轮机水头可以采用近似方法，即转轮进、出口的单位能量差。

对水轮机上、下游管道应用 C^+、C^- 方程，有

$$H_{P1} = C_{P1} - B_1 Q_{P1} \tag{4-7}$$

$$H_{P2} = C_{M2} + B_2 Q_{P2} \tag{4-8}$$

根据相似定律，水轮机的暂态流量为

$$Q_P = D_1^2 \sqrt{H} Q_{11} \tag{4-9}$$

另外，有 $Q_{P1} = Q_{P2} = Q_P$。

把上述各式代入式(4-9)，得到：

$$Q_P = Q_{11} D_1^2 \sqrt{C_{P1} - B_1 Q_P + \frac{Q_P^2}{2gA_1^2} - \left(C_{M2} + B_2 Q_P + \frac{Q_P^2}{2gA_2^2} \right)} \tag{4-10}$$

可以求解出

$$Q_P = \left[-C_V B + \sqrt{C_V^2 B^2 + 2 C_V \beta (C_{P1} - C_{M2})} \right] / \beta \tag{4-11}$$

式中，$C_V = \frac{(Q_{11} D_1^2)^2}{2}$；$B = B_1 + B_2$；$\beta = 1 - 2 C_V (\beta_1 - \beta_2)$，$\beta_1 = \frac{1}{2gA_1^2}$，$\beta_2 = \frac{1}{2gA_2^2}$。

综上可知，求解水轮机的暂态流量需确定对应的单位流量。

解出水轮机的暂态流量 Q_P 后，即可解出上、下游管道的压头 H_{P1} 和 H_{P2}，从而得到水轮机的暂态水头。

二、水轮机组转动方程

应用旋转刚体的运动方程，水轮发电机组的转动方程为

$$J \frac{\mathrm{d}\omega}{\mathrm{d}t} = M - M_g \tag{4-12}$$

式中，J 为机组转动部分的转动惯量，考虑到水轮机组的量级，单位采用 $t \cdot m^2$；ω 为机组角速度，单位为 rad/s；M、M_g 分别为水轮机的力矩和机组的阻力矩，相应的单位为 kN·m。

式(4-12)自时刻 t 至 $t + \Delta t$ 进行积分，有

$$\int_t^{t+\Delta t} \mathrm{d}\omega = \frac{1}{J} \int_t^{t+\Delta t} (M - M_g) \mathrm{d}t \tag{4-13}$$

假定水轮机力矩在 Δt 时段内按线性变化，可使用梯形积分公式。在过渡过程计算中，机组的阻力矩保持不变，即 $M_g = 30 P_g / (\pi n)$，其中 P_g 为工况变化后的机组负荷，单位为 kW；在甩全部负荷后，$M_g = 0$。

另外，有 $J = GD^2 / 4$，GD^2 单位为 $t \cdot m^2$（或 $J = GD^2 / (4g)$，GD^2 单位为 $kN \cdot m^2$）。同时，把 $\omega = \pi n / 30$ 代入式(4-13)，可积分得出

$$n_{t+\Delta t} = n_t + \frac{120}{\pi GD^2}\left(\frac{M_t + M_{t+\Delta t}}{2} - M_g\right)\Delta t \tag{4-14}$$

式(4-14)表明：要计算机组暂态转速需确定水轮机力矩，而暂态力矩由 $M_t = M_{11}D_1^3 H$ 确定，即需要推求相应的单位力矩。

应用式(4-14)时需特别注意：机组转动惯量（飞轮力矩）GD^2 的单位为 $t \cdot m^2$，当 GD^2 的单位为 $kN \cdot m^2$ 时要先转换单位。

机组 GD^2 不但包括发电机转动部分机械惯性，还包括水轮机转动部分（包括大轴）以及转轮区水体的机械惯性。对中、高水头水轮发电机组后两部分均较小，常可以忽略不计；但对低水头轴流式、贯流式机组后两部分所占比例较大，应仔细计入。

机组 GD^2 值由制造厂家提供，在设计阶段若缺少相关资料，可按经验公式进行估算。

日本《电气工学手册》推荐：

$$GD^2 = 600000S_f^{1.25}/n_r^{1.98} \tag{4-15}$$

根据 Chaudhry 在 *Applied Hydraulic Transients* 中的推荐，可以换算出：

$$GD^2 = 63.88\,(1000S_f/n_r^{1.5})^{1.25} \tag{4-16}$$

上面两式中，GD^2 的单位为 $t \cdot m^2$；S_f 为发电机额定容量，单位为 MVA；n_r 为机组额定转速。其中，$S_f = P_f/\cos\varphi$，P_f 为水轮发电机组出力，单位为 MW，$\cos\varphi$ 为发电机功率因数。

三、水轮机组边界的解法

从上述介绍的水轮机边界方程可以看出，在过渡过程计算时需要推求水轮机的特性，也就是要用到 Q_{11}-n_{11}、M_{11}-n_{11} 数据表。由于水轮机组边界条件包含非线性的代数方程组，以及数据表的插值等，一般采用迭代法求解较为方便。水力过渡过程计算的时间步长 Δt 较小，选择的初值与目标值一般差别不大，迭代次数不会很多，计算容易收敛。

在预先给定导叶启闭规律（桨叶运动规律）时，水轮机边界的计算可以按下述步骤进行。

(1)t 时刻的相关计算已经完成，接下来由已知的导水机构运动规律，计算 $t + \Delta t$ 时刻的导叶开度（桨叶角度）。

(2)假定 $t + \Delta t$ 时刻的转速和水头分别等于 t 时刻的数值，由相似定律公式计算单位转速 $n_{11} = nD_1/\sqrt{H}$。

(3)调用 Q_{11}-n_{11}、M_{11}-n_{11} 数据表，由确定的导叶开度（桨叶角度）和假定的单位转速，插值得到单位流量 Q_{11} 和单位力矩 M_{11}。

(4)把单位流量 Q_{11} 的值代入式(4-11)，求解出水轮机的流量，以及上、下游管道压头，然后可求解出水轮机的水头值。

(5)把单位力矩 M_{11} 值代入相似定律公式 $M_t = M_{11}D_1^3 H$，求解出水轮机的力矩，结合机组的阻力矩，代入机组转动方程式(4-14)计算出转速值。

(6)将计算所得的转速和水头与迭代初值比较，若差值不满足精度要求，则以计算值和迭代初值为依据，重新假定转速和水头的迭代初值。

（7）重复上述计算过程，直到误差满足精度要求，$t + \Delta t$ 时刻水轮机组边界的计算完成。

对于正常增、减负荷的情况，在过渡过程中认为机组保持为额定转速，计算时不需要使用机组转动方程。

四、水轮机组初始工况的解法

从以上步骤可以看出：要进行水轮机组过渡过程计算，首先要确定水轮机运行的初始工况。确定初始工况点的关键，仍然是水轮机模型综合特性曲线的处理。该项工作看似简单，却很重要。本书介绍一种简单、实用的计算方法。

初始工况的求解：通常是已知水轮机组的出力，包括上、下游水位，引水道特性等，机组以额定转速运转，求解水轮机的流量、水头及导叶开度等，然后计算节点的压头、流量即可确定。

主要计算公式：根据引水发电系统管路布置，列出每一台水轮机水头与各个流量的关系式 $H_i = f_i(Q_1, Q_2, \cdots, Q_n)$，一个水力单元包含 n 台机组，就有 n 个关系式；水轮机出力 $P_i = 9.81 H_i Q_i \eta_i$ 为已知值，故可以得出 n 个函数关系式 $P_i = F_i (Q_1, Q_2, \cdots, Q_n, \eta_i)$。因此，在解决水轮机效率 η_i 未知这个问题后，可以建立 n 个方程、n 个未知数 Q_i。

水轮机初始工况计算方法的具体步骤如下。

（1）先假定各台水轮机的效率为 η_{i0}，应用程序解非线性方程组 $P_i = F_i (Q_1, Q_2, \cdots, Q_n, \eta_{i0})$，求解出每一台水轮机的流量 Q_i，然后计算出水轮机的水头 H_i。

（2）由相似定律公式计算各台水轮机的单位流量 Q_{11}、单位转速 n_{11}。接下来的步骤有各种求解方法，如在模型综合特性曲线上查出效率、开度等。这需要另外处理水轮机模型综合特性曲线，存储供确定初始工况的数据表。下面介绍的计算方法，将直接利用已存储的 Q_{11}-n_{11}、M_{11}-n_{11} 数据表。

（3）根据计算出的 Q_{11} 和 n_{11}，依据 Q_{11}-n_{11} 数据表查出导叶开度。该过程可以采用迭代方法插值求解：先假定一个导叶开度值，结合 n_{11}，由 Q_{11}-n_{11} 数据表插值得出单位流量 Q_{11}；把 Q_{11} 的插值与计算值对比，其差值不满足精度要求，则另外假定一个导叶开度值，重复上述过程，直到 Q_{11} 的差值满足精度要求为止。由于导叶开度与单位流量为单向的递增关系，即单位流量总是随导叶开度的增大而增大，所以插值求解过程很容易收敛。

（4）根据求解出的导叶开度值，结合 n_{11}，由 M_{11}-n_{11} 数据表插值求出单位力矩 M_{11}。然后把 Q_{11} 和 n_{11} 代入公式 $M_{11} = 294.3 Q_{11} \eta / (\pi n_{11})$，可以反算出水轮机的效率 η。

（5）将每一台水轮机效率 η_i 的计算值与迭代初值比较，若其中的最大差值不满足精度要求，则以计算值和迭代初值为依据，假定水轮机效率的新迭代初值。

（6）重复上述计算过程，直到每一台水轮机效率的误差均满足精度要求。

完成上述计算步骤后，可获得每台水轮机的导叶开度、流量、水头及效率等参数。

然后引水系统各节点的压头、流量等，也就可以依次推求，从而完成初始条件的计算工作。

第六节　调节保证计算及控制措施

在水轮机组大波动过渡过程中，如突然甩负荷后，由于导叶快速关闭、水轮机流量急剧减小，引水系统内将产生水击现象，产生蜗壳的最大压力和尾水管的最小压力，同时，机组转速很快升高，达到一个最大值。如果设计不当，将可能导致灾难性的后果。因此，对水电站开展水力过渡过程计算分析，并加以合理控制，成为工程设计十分关心的问题。

一、调节保证计算

水击压力和机组转速变化的计算，统称为调节保证计算，简称调保计算。

调保计算主要研究突然改变较大负荷时，机组大波动过渡过程的特性，计算并控制转速变化和管道水击压力，选定导水机构合理的调节时间和启闭规律，解决引水系统水流惯性、机组惯性和调速特性之间的矛盾，使引水发电系统既经济合理，又安全可靠。

调保计算涉及一类相对固定的参数，如引水系统的布置、尺寸，以及水轮机组特性、转动惯量等；另一类为变动的参数，如调节规律、水击压力、机组转速、调压室水位等。具体计算通常是：在给定的固定参数条件下，计算、校核变动参数是否在允许的范围内；必要时还需根据计算结果，适当调整固定参数，如调压室结构、机组转动惯量等，这都是反复计算后确定的。结合工程实际情况，计算中往往还需要限定变动参数，如限制水击压力、转速变化、调压室水位等，计算优化导水机构调节规律；或者是给定调节规律的计算。总的来说，调保计算就是在初步拟定的系统条件下，进行各种可能的过渡过程计算，根据需要适当调整引水系统布置、机组惯性以及调节规律等，尽量使有关参数达到较优的组合，以保证工程设计标准得到满足，同时实现经济性。

水轮发电机组并入电网后，通常不会出现突然大幅度增加负荷的工况。一般情况下，调保计算主要内容包括：机组突甩全部或部分负荷时，计算转速的最大升高值，压力管道（包括蜗壳）内的最大压力和最小压力，尾水管内的最大真空度等；增加负荷时，压力管道内的最小压力等。根据《水力发电厂机电设计规范》，对调保计算标准的规定如下。

(1)机组甩负荷时的最大转速升高率 $\beta = (n_{max} - n_r)/n_r$：当机组容量占电力系统工作总容量的比重较大，或担负调频任务时，宜小于 50%；当机组容量占系统工作总容量的比重不大，或不担负基荷时，宜小于 60%；对于贯流式机组，宜小于 65%；对于冲击式机组，宜小于 30%。

(2)机组甩负荷时蜗壳最大压力升高率 ξ：当额定水头小于 40m 时，宜为 50%～70%；当额定水头为 40～100m 时，宜为 30%～50%；当额定水头在 100～300m 时，宜为 25%～30%；当额定水头大于 300m 时，宜小于 25%（可逆式蓄能机组宜小于 30%）。定义：$\xi = (H_{max} - H_0)/H_0$，其中 H_{max} 为蜗壳最大压力值，H_0 为水电站静水头或蜗壳静水头。

(3)机组增加负荷或突减负荷时，压力输水系统全线各断面最高点处的最小压力不应低于 0.02MPa，不得出现负压脱流现象。

(4)机组甩负荷时，尾水管进口断面的最大真空保证值不应大于 0.08MPa。

机组最大转速升高，通常发生在设计水头、额定流量下甩全负荷工况中。蜗壳发生最大压力的工况不太确定，有时发生在甩部分负荷，除与机组特性、流量变化率、负荷变化以及水头等因素有关外，设有调压室时有可能由最高涌波水位决定。压力输水管内的最小压力，一般出现在机组增加负荷工况，也有可能是甩负荷工况时的负水击压力。水轮机尾水管内的最大真空度，通常发生在下游最低尾水位时机组甩全负荷工况。因此，调保计算需结合工程实际的具体情况，考虑各种可能发生的工况，合理选取有关参数，调整导水机构启闭规律、机组转动惯量等。往往有时需要对多种条件进行比较分析、反复计算，才能获得较为全面的数据，从而为制定合理的方案提供科学依据。

二、大波动过程的控制措施

在水轮机组甩负荷的大波动过渡过程中，主要控制指标为水击压力升高(包括尾水管内负压)和机组转速升高。为改善水电站大波动过渡过程的品质，可结合工程实际采用一些控制措施，如设置调压室、装设调压阀、增加机组转动惯量、优化导水机构关闭规律等。前两种控制措施将在后面章节中专门讨论，下面重点讨论后两项措施。

1. 增加机组转动惯量

由机组转动方程可知，增大 GD^2 可减小机组旋转的加速度，从而减小转速升高速度，有利于降低调保参数和缩短调节时间。同时，较大的 GD^2 对改善机组小波动稳定性和调节品质是有利的。另外，低比转速水轮机有转速增大时流量减小的特性，增加 GD^2 还可以减小转速对水轮机流量的影响，即减小导叶关闭时的流量变化率，从而有助于减小水击压力。还有些情况下，机组 GD^2 的大小关系到是否需要设置调压室，有可能通过增大 GD^2 而取消调压室，能实现很好的工程效益。

增加机组的转动惯量主要是通过增大发电机转动惯量，或者增设惯性飞轮，增加 GD^2 的条件和范围是有限的。例如，卧式水斗式机组的 GD^2 通常较小，贯流式机组发电机的 GD^2 一般较常规的小。应在一定技术范围内通过调保计算优选 GD^2，提出合理的推荐值供设计参考。目前，随着水力发电设备的技术进步，机组 GD^2 有减小的趋势。

2. 优化导水机构关闭规律

机组甩负荷后导叶最简单的动作方式是线性直线关闭，但有时不能同时将水击压力和机组转速控制在要求的范围内。缩短导叶关闭时间，可以有效降低转速上升，但水击压力将升高；延长导叶关闭时间，可以减小水击压力，但机组最大转速又会升高。因此，控制要求是相互矛盾的。大量研究和实践已表明：导水机构(包括导叶、桨叶)的关闭规律，对水轮机组过渡过程有较大的影响。通过优化导水机构关闭规律，选定合适的关闭时间和方式，可以达到降低机组转速升高和水击压力的目的。例如，在保证机组转速最大值不超标的前提下，尽可能减小水击压力，加快波动的衰减等。优化导水机构关闭规律不需要增加设备和工程量，是解决水轮机组过渡过程问题的一个简便、有效的重要方法。

导水机构的关闭规律涉及导叶的关闭方式、关闭时间，对转桨式机组还涉及桨叶关闭或开启时间及规律等。优化导叶关闭规律包括直线和折线关闭规律、分段点、关闭时间等的选取和确定。导叶关闭规律的优化主要取决于引水发电系统的特征，如引水管道水击特性、水轮机组特性以及调压室的类型、布置等。优化过程需要兼顾各项指标的要求，系统越复杂涉及的问题就越多。理想的导叶关闭规律为：在允许的机组转速上升条件下，假设在导叶开始关闭的第一时间段内水击压力增加到给定的最大允许值，并且在以后的导叶关闭时间内保持不变。理想关闭规律将关机过程中的水击压力拉平，导叶开度随时间的变化是非线性的。从理论上讲，微机调速器可以实现这种关闭方式。不过，水电站水力过渡过程的各种工况条件是复杂的，影响因素众多，要确定理想的导叶关闭规律是困难的。

一种较为实用的方法是采用分段线性（折线）关闭导叶。一般导叶分段关闭主要有两段、三段线性关闭规律等，可以通过分段关闭机械装置控制主接力器的油路来实现。图 4-14 所示为两阶段线性关闭示意图，纵坐标 y 为导叶接力器行程，一般用相对值表示。描述关闭规律从全开开始，故 $y_0 = 1.0$（注意：实际计算时，起始开度值由初始工况点确定，有 $y_0 \leqslant 1.0$）。图中：T_c 为调节迟滞时间，一般为 $0.2 \sim 0.3s$；T_{S1} 为导叶接力器第一段结束、第二段开始的时刻，也就是第一段关闭时间（T_c 很小）；y_d 为分段点（拐点）导叶接力器行程；T_S' 为直线关闭时间，考虑接力器末端缓冲作用的缓闭特性，导叶全关闭时间为 T_S。

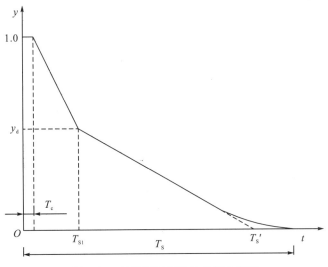

图 4-14　导叶两阶段线性关闭示意图

采用导叶分段关闭首先应确定分段规律，其次是分段点位置。导叶分段规律主要取决于水轮机的比转速、类型及特性。对于低比转速、高水头水轮机，等开度线上单位流量随着单位转速升高而减少，如图 4-15(a)所示。机组甩负荷时即使导叶开度不变，水轮机流量将随转速升高而减少，为避免过大的水击压力，导叶关闭速度不宜过快，因此，可以采用先慢后快的关闭规律或一段直线关闭。对于高比转速、低水头水轮机，等开度线上单位流量随着单位转速升高而增加，如图 4-15(b)所示。机组甩负荷时若导叶开度不变，水轮机流量随转速升高而增大，将导致机组转速上升较快，为控制转速最大值，可采用先快后慢的关闭规律。另外，低水头水轮机组甩负荷时在导叶直线关闭的情况下，蜗壳最大压力升高往往出现在后面，而高水头水轮机组则往往出现在前面。因此，在低水头电站设计和运行中，使用先快后慢的关闭规律可以降低甩负荷过程中最大水击压力上升值。这种方法可缓解水击压力与机组转速升高的矛盾：在甩负荷开始阶段导叶先快速关闭、较快减小动力矩，这样有利于降低转速最大升高值；当水击压力升高值接近设定值时导叶开始缓慢关闭，可使后面发生的压力上升值小于设定值。因此，适当地选择导叶第一、第二段的关闭速度及分段点位置，可以控制最大压力升高值，同时保证转速最大上升值满足规范要求。

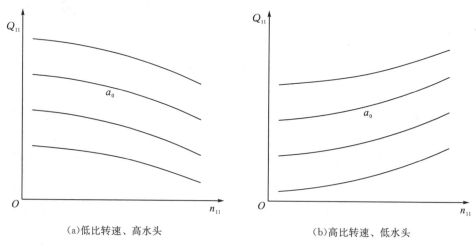

(a)低比转速、高水头　　　　　　　　　(b)高比转速、低水头

图 4-15　水轮机单位流量特性

另外，对轴流式水轮机组导叶两段关闭，还可以作为甩负荷时防止抬机事故的措施。抬机是指机组转动部分在向上(负)轴向水推力的作用下而上抬。立式机组在正常工作时轴向水推力都是向下(正)的。但在甩负荷过渡过程中随着流量减小、转速升高，轴向水推力将不断减小；当机组越过飞逸工况进入制动工况时，导叶继续关闭，轴流式水轮机将进入反水泵工况区，轴向水推力将改变成为向上(负)的。同时，作用在机组上的反水击也将产生向上的轴向水推力。如果该向上的轴向水推力超过转动部分的重量将导致抬机事故，反水击还会破坏转轮、导叶等。卧式水轮机组在甩负荷过渡过程中，若发生过大的反向(负)轴向水推力，将会破坏推力轴承及其止推支座。研究表明：通过优化导叶两段关闭规律及桨叶关闭规律，可以有效降低轴流式机组的反向(负)轴向水推力。

水轮机导水机构关闭规律的优化，需考虑甩负荷过渡过程中的多个指标，如转速升高、蜗壳压力、尾水管负压以及轴向水推力等，可以采用适于多因素、多水平的正交设计计算等方法进行关闭规律寻优。

总的来说，通过优化导水机构的关闭规律，在一定范围内能解决系统水流惯性、机组惯性和调节特性之间的问题，使调保参数满足规范要求。应注意的是：机组过渡过程对导叶关闭规律较为敏感，需慎重研究后再选定。

第七节　蜗壳和尾水管当量管

在进行水轮机组过渡过程计算分析时，水轮机暂态特性依据的是稳定工况条件下的模型综合特性曲线，这些特性曲线没有考虑水轮机蜗壳和尾水管暂态水流惯性的影响。在引水管道很长的情况下，蜗壳和尾水管内水流惯性在整个系统中所占的比例很小，可以忽略不计。但是，如果引水管道较短，则应考虑二者的水流惯性。

由于反击式水轮机蜗壳和尾水管的形状不是规则的圆管，通常采用当量管的形式来代替。也就是相当于水轮机节点上游压力管道出口后增加一段蜗壳当量管，水轮机节点下游采用一段尾水管当量管，当量管中的水力过渡过程采用特征线法求解。

蜗壳和尾水管进行当量管处理时，按保持水体动量不变的原则，即

$$L_e Q = \sum_{i=1}^{n} L_i Q_i \tag{4-17}$$

式中，L_e、Q 分别为蜗壳或尾水管当量管的长度、流量（水轮机流量）；n 为被划分的段数。从而可以确定当量管的长度为

$$L_e = \frac{\sum_{i=1}^{n} L_i Q_i}{Q} \tag{4-18}$$

对于蜗壳总是有 $Q_i < Q$，也就是说，蜗壳当量管的长度应小于实际长度；对于尾水管有 $Q_i = Q$，因此，尾水管当量管的长度等于实际长度。下面分别介绍蜗壳、尾水管当量管的具体处理方法。

一、蜗壳当量管

在水轮机蜗壳水力计算中，通常按两种假设方法进行设计：一种是认为蜗壳各断面水流平均速度的周向分量为常数；另一种是认为蜗壳内水流按等速度矩规律运动，即位于蜗壳内任一点水流速度的周向分量与该点距离水轮机轴线半径的乘积不变。基于后一种假设条件，杨开林(2000)推导了蜗壳当量管断面面积的计算公式。

一种较为简单的处理方法如下。

(1)把蜗壳近似看成一根等径的管道，当量管的长度等于蜗壳中心线长度的一半。

(2)蜗壳当量管的直径等于蜗壳进口直径。

按此简化的等效方法，计算精度可以满足要求。

在确定压力钢管（支管）长度和分段时，可以把蜗壳当量管考虑在内。由于蜗壳的水头损失已经包含在水轮机效率中，所以计算中不应包含蜗壳当量管的水头损失。

二、尾水管当量管

大中型水电站的立轴反击式水轮机通常采用弯曲形尾水管，主要包括进口锥管、肘管及扩散管，如图 4-16 所示。

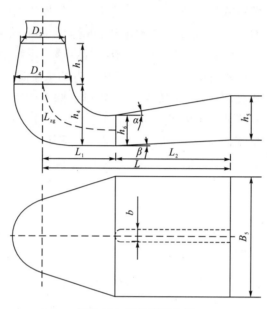

图 4-16　弯曲形尾水管

按上述水体动量保持不变的原则，水轮机尾水管当量管长度 L_e 等于锥管高度 h_3、肘管中心线长度 L_{zg} 和扩散管长度 L_2 之和，即

$$L_e = h_3 + L_{zg} + L_2 \tag{4-19}$$

另外，按水体动能保持不变的原则，有

$$L_e QV = \sum_{i=1}^{n} L_i Q_i V_i \tag{4-20}$$

把 $V = Q/A$ 代入，考虑到尾水管中有 $Q_i = Q$，并采用积分的形式可得

$$\frac{L_e}{A_e} = \int_0^{h_3} \frac{\mathrm{d}l}{A} + \int_0^{L_{zg}} \frac{\mathrm{d}l}{A} + \int_0^{L_2} \frac{\mathrm{d}l}{A} \tag{4-21}$$

式中，A_e 为尾水管当量管断面面积。式(4-21)右边的求解，可分别对锥管段、肘管段和扩散管段进行积分。

1. 锥管段

锥管是一个竖直的圆锥形扩散管，有

$$e_1 = \int_0^{h_3} \frac{\mathrm{d}l}{A} = \int_0^{h_3} \frac{\mathrm{d}l}{\pi (D_3 + kl)^2/4} \tag{4-22}$$

式中，D_3 为尾水管锥管进口直径；$k = (D_4 - D_3)/h_3$，D_4 为锥管出口直径。可积分解出

$$e_1 = \frac{4h_3}{\pi D_3 D_4} \tag{4-23}$$

2. 肘管段

肘管是一个弯管，其进口断面为圆形，出口断面为矩形，中间过渡断面的形状十分复杂。肘管段对整个尾水管的性能影响很大，一般采用推荐定型的标准肘管。根据水轮机理论给出的肘管断面面积变化规律，杨开林（2000）采用最小二乘曲线拟合法得出如下关系式：

$$\frac{1}{\overline{A}} = 1 - 1.067z + 1.277z^2 - 0.4346z^3 \tag{4-24}$$

式中，$\overline{A} = A/A_4$，A 为肘管任一断面的面积，A_4 为肘管进口（锥管出口）面积，$A_4 = \pi D_4^2/4$；$z = l/D_4$，l 为沿肘管轴线的长度。

对肘管段，有

$$e_2 = \int_0^{L_{zg}} \frac{\mathrm{d}l}{A} = \int_0^{L_{zg}} \frac{D_4 \mathrm{d}(l/D_4)}{A_4(A/A_4)} = \int_0^{L_{zg}} \frac{D_4 \mathrm{d}z}{A_4 \overline{A}} = \frac{4}{\pi D_4} \int_0^{L_{zg}} \frac{\mathrm{d}z}{\overline{A}} \tag{4-25}$$

把式（4-24）代入式（4-25），可积分得出

$$e_2 = \frac{4}{\pi D_4}(Z - 0.534Z^2 + 0.426Z^3 - 0.109Z^4) \tag{4-26}$$

式中，$Z = L_{zg}/D_4$。对于其他形式的肘管，可以采用类似的方法确定 e_2。

3. 扩散管段

扩散管是一个断面为矩形、逐渐扩大的管段，可以按如下近似关系进行积分：

$$e_3 = \int_0^{L_2} \frac{\mathrm{d}l}{A} \approx \frac{1}{B_5 - b} \int_0^{L_2} \frac{\mathrm{d}l}{h_6 + (\tan\alpha - \tan\beta)l} \tag{4-27}$$

式中，B_5 为扩散管宽度；b 为扩散管支墩宽度；h_6 为扩散管进口高度；α、β 分别为扩散管顶板、底板的倾角。因此，可以积分解出

$$e_3 = \frac{1}{(B_5 - b)(\tan\alpha - \tan\beta)} \ln\left[1 + \frac{L_2}{h_6}(\tan\alpha - \tan\beta)\right] \tag{4-28}$$

综合上述积分式，可以得到尾水管当量管断面面积的计算公式：

$$A_e = \frac{h_3 + L_{zg} + L_2}{e_1 + e_2 + e_3} \tag{4-29}$$

尾水管的水头损失已包含在水轮机效率中，同样，计算中不应包含尾水管当量管的水头损失。一般情况下，尾水管当量管的断面面积较尾水道小，对尾水管内水击压力影响较大，需单独分段计算。

另外，按当量管计算出的尾水管进口压头（测压管水头）值，较实际情况偏大。原因是：当量管断面面积总是大于尾水管进口断面面积。尾水管进口最大真空值是调保计算的重要指标，按当量管计算出的压头值需要修正。根据两种断面面积的差异，修正公式为

$$H_{PX} = H_P + \frac{Q_P^2}{2gA_e^2} - \frac{Q_P^2}{2gA_3^2} \tag{4-30}$$

式中，H_P、H_{PX} 分别为修正前、后的尾水管进口压头；A_3 为尾水管进口断面面积，$A_3 = \pi D_3^2/4$。易知：总有 $H_{PX} < H_P$。在计算分析尾水管进口真空度时，应特别注意这个问题。

第八节　水斗式机组过渡过程

上述介绍的计算方法，主要针对的是反击式水轮机组。由于冲击式水轮机与反击式水轮机工作原理的差异，在开展冲击式机组过渡过程计算时，应注意有一些区别。本节以应用较多的水斗式机组为例，主要介绍其过渡过程的特点及计算方法。

一、水斗式水轮机暂态特点

水斗式水轮机利用喷嘴将水能转变为射流动能，射流自喷嘴出口到离开转轮的整个过程中始终在空气中进行，水流压力保持为大气压力；另外，水流离开转轮后直接落入下游，水斗式水轮机没有尾水管，也就是说不存在求解水轮机压力的问题。同时，由于引水管道与机组转轮的水力关系是单向的，即引水管道水力过渡过程只与针阀启闭、喷嘴流量变化有关，并不受转轮运转情况的影响。

对于安装水斗式水轮机的水电站，在过渡过程计算中若不计算机组转速变化，水轮机边界主要需考虑的是喷嘴流量特性。通常把喷嘴作为管道系统的末端边界，可按类似于管道末端阀门的方法进行处理，相当于计算一个末端为阀门的管道系统。这种方法需要把水轮机模型综合特性曲线中的等开度(喷针行程)线，处理为流量系数、相对开度的数据表。

那么如何考虑水斗式水轮机甩负荷时机组转速上升的问题？这就涉及水斗式水轮机的外调节机构。外调节机构通常安装在喷嘴头部的外壳上，常用的有折向器和分流器，作用是控制离开喷嘴后的射流大小和方向。针阀与折向器或分流器的行程保持为协联关系，使针阀在任何开度下外调节机构的节流板都位于射流水柱边缘，以达到其快速偏流或截流的作用。当机组甩负荷或突然减负荷时，调速器一方面操作喷针接力器，使喷针向关闭方向移动；另一方面又操作外调节机构接力器，使折向器或分流器快速投入，迅速减小、截断冲向转轮水斗的射流。这样可以解决因针阀不能及时关闭而使机组转速上升过高的问题。

也就是说，当水斗式水轮机组甩负荷时，可以控制喷针接力器以远大于反击式水轮机导叶关机的时间来缓慢关闭喷嘴，一般在 60s 内可调，从而解决了因针阀快速关闭在压力引水管道中产生较大水击压力问题。同时，由于折向器或分流器的动作很快，通常能在 2~3s 快速切断射流，故机组转速最大上升值基本不受喷针接力器关闭时间的影响。因此，对于安装水斗式机组的长引水式水电站，有可能不设调压室也可以化解转速上升和压力升高的矛盾，已有一些工程实例，如四川九龙县一道桥水电站、康定县巴朗口水电站等。

另外，水斗式水轮机一般都安装多个喷嘴，最多的有 6 个。优点是可以提高机组的比转速和性能；根据负荷变化自动调整投入运行的喷嘴数，保持机组高效率运行。因此，开展多喷嘴水斗式机组甩负荷过渡过程计算，还有一个特别的问题：确定初始工况运行时的喷嘴数。水斗式机组的应用水头较高，喷嘴最大水击压力值往往发生在甩部分负荷工况。机组在部分负荷运行时有相应的喷嘴数，不同喷嘴数下有对应的水轮机模型综合特性曲线。也就是说，对多喷嘴水斗式水轮机，需要提供各喷嘴数下的水轮机全特性及数据表。

二、水斗式机组边界方程

1. 水头平衡方程

水斗式水轮机没有尾水管，水头定义与反击式水轮机有所区别。以单喷嘴水轮机为例，工作水头 H 是指喷嘴进口断面与射流中心线和转轮节圆相切处单位重量水流能量之差。若水力坡度线的基准与喷嘴进口轴线一致，同时近似认为射流中心线也与其在同一高程，则有

$$H = H_{P1} + \frac{Q_{P1}^2}{2gA_1^2} \tag{4-31}$$

式中，A_1 为喷嘴进口断面面积。

没有下游管道，只利用上游管道的 C^+ 方程：$H_{P1} = C_{P1} - B_1 Q_{P1}$。与反击式水轮机类似的解法，可以得出水斗式水轮机暂态流量的计算公式：

$$Q_P = \left[-C_V B_1 + \sqrt{C_V^2 B_1^2 + 2C_V \beta C_{P1}} \right]/\beta \tag{4-32}$$

式中，$C_V = \dfrac{(Q_{11} D_1^2)^2}{2}$；$\beta = 1 - 2C_V \beta_1$，$\beta_1 = \dfrac{1}{2gA_1^2}$。

与反击式水轮机相同，求解机组暂态流量需确定对应的单位流量 Q_{11}，即插值 Q_{11}-n_{11} 数据表。

2. 机组转动方程

水斗式机组的转动方程与反击式是一样的。在甩负荷工况下，需要考虑两种情况：一种为折向器或分流器拒动，那么机组转速计算过程与反击式相同；另一种为折向器或分流器动作、阻挡射流作用于转轮水斗，那么就需要考虑有效射流的问题。

水斗式水轮机折向器和分流器的结构与作用均略有不同。折向器可以把整个射流折出转轮外，且仅需较小位移，承受的振动也较小；分流器一般不是将整个射流而是将其大部分或小部分偏离转轮水斗，若要求分流器将全部射流从转轮上引开，所需转动的角度较折向器大。

在甩负荷过渡过程计算时，很难准确量化折向器或分流器对射流的影响，目前，这方面的资料很少。本书提出一种模拟折向器或分流器动作的数学模型，用于估算外调节机构关闭时作用于水斗上的有效射流。

如图 4-17 所示，喷嘴射流面积 $A_0 = 0.25\pi d_0^2$（右边圆面积），d_0 为喷嘴射流直径。需计算折向器或分流器在某个位置时，喷嘴射流作用在水斗上的射流有效面积 A_S，即右边圆内空白部分的面积。

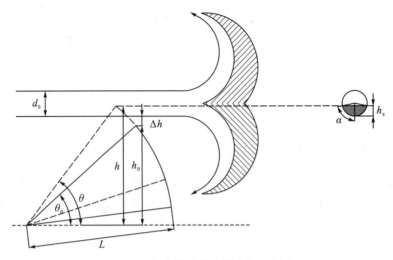

图 4-17　折向器或分流器动作示意图

被折向器或分流器挡住的射流高度为 h_z，即阴影部分高为

$$h_z = L\sin\theta - L\sin\theta_0 - \Delta h \tag{4-33}$$

式中，L 为折向器或分流器长度；θ_0、θ 分别为折向器或分流器起始时、某时刻与水平面的角度；Δh 为折向器或分流器顶部起始时与射流边缘的距离。

根据几何关系计算被折向器或分流器挡住的射流面积，即阴影部分面积 A_z。

(1)当 $h_z \leqslant 0$ 时，$A_z = 0$。

(2) 当 $0 < h_z \leqslant d_0/2$ 时，$A_z = \dfrac{2\alpha}{360}A_0 - \left(\dfrac{d_0}{2} - h_z\right)\dfrac{d_0}{2}\sin\alpha$。其中，$\alpha = \arccos\left[\left(\dfrac{d_0}{2} - h_z\right)\Big/\left(\dfrac{d_0}{2}\right)\right]$。

(3) 当 $d_0/2 < h_z \leqslant d_0$ 时，$A_z = \dfrac{360 - 2\alpha}{360}A_0 + \left(h_z - \dfrac{d_0}{2}\right)\dfrac{d_0}{2}\sin\alpha$。其中，$\alpha = \arccos\left[\left(h_z - \dfrac{d_0}{2}\right)\Big/\left(\dfrac{d_0}{2}\right)\right]$。

(4)当 $d_0 < h_z$ 时，$A_z = A_0$。

折向器或分流器的关闭规律是已知的，根据上述关系式，可以计算某一时刻射流作用在水斗上的有效面积：

$$A_S = A_0 - A_z \tag{4-34}$$

某一针阀开度下喷嘴出口的单位流量 Q_{11} 已插值求出，可以假定：作用在水斗上的有效单位流量为

$$Q_{11s} = Q_{11}\frac{A_S}{A_0} \tag{4-35}$$

由于水斗式水轮机单位流量与单位转速无关，只需利用 Q_{11}-n_{11} 数据表中任一 n_{11} 下的数据，就可以插值推算出该有效单位流量 Q_{11s} 下对应的等效针阀开度值。然后利用该等效针阀开度值，由 M_{11}-n_{11} 数据表插值得到相应的单位力矩，作为计算机组转速上升的依据。也就是说，求解喷嘴单位流量对应的是针阀开度，而求解水斗单位力矩对应的

是等效针阀开度。

机组转速升高值是调保计算的一个重要指标，折向器或分流器的影响是必须考虑的。上述介绍的简化模型，虽然较为粗略、有很大的近似性，但还是可以提供一定的参考。

第九节 调速器方程

上述介绍的导叶或针阀等启闭规律是事先给定的，实际上导水机构动作是受调速器控制的。对于水轮机组大波动过渡过程，如在甩负荷过程中，由于转速上升较快、较高，主配压阀基本处于全开启位置，接力器接近等速运动，导叶开度按给定线性关闭规律是合适的。如果是小负荷变化、水力干扰等小波动过渡过程，则需要考虑水轮机调速器的动态特性。

一、水轮机调速器

系统向用户提供的电能，应保证有一定的质量，即频率、电压保持在额定值附近的一定范围内。我国规定电力系统频率为 50Hz，偏差为 $\pm0.2\sim\pm0.5\text{Hz}$。由于系统负荷处于非规律性变化，根据水轮发电机组出力变化灵活的特点，要求其出力可进行动态调节。对某一台水轮发电机，输出电能的频率取决于机组转速，因此，要保持供电频率不变，则必须保持机组的转速不变。水轮机调节系统的主要任务：根据负荷的变化，不断调节水轮机动力矩及发电机出力，以维持机组转速在规定范围内，另外，还有机组启动、并网和停机等任务。

采用什么方法和设备来完成这一任务呢？水轮发电机组的转速公式，可以用转动方程 $\text{d}\omega/\text{d}t = (M-M_g)/J$ 表示。分析表明：要保持机组转速 n 不变，即 $\omega=$ 常数、$\text{d}\omega/\text{d}t=0$，则必须满足 $M=M_g$，也就是说，机组正常运行时，水轮机的动力矩等于发电机的阻力矩。在水电站负荷变化过程中，可能会出现以下两种情况：①当机组负荷增加时，水轮机的动力矩小于发电机的阻力矩，即 $M<M_g$，根据机组动力方程 $\text{d}\omega/\text{d}t<0$，转速会下降，要让机组转速恢复恒定，需相应增大水轮机的动力矩，重新保证 $M=M_g$；②当机组负荷减小时，就会出现水轮机的动力矩大于发电机的阻力矩，即 $M>M_g$，同理就有 $\text{d}\omega/\text{d}t>0$，因此转速会上升，要让机组转速恢复恒定，需相应减小水轮机的动力矩，重新保证 $M=M_g$。

另外，水轮机动力矩与出力的关系式为 $M=P/\omega=9.81QH\eta/\omega$。可以看出，要调节水电站机组出力，通过改变水轮机的过流量较为方便，水轮机控制过流量的方法为：①反击式水轮机采用导水机构，根据调节系统的指令，液压系统接力器动作、操作导水机构，改变导叶的开度，从而实现过流量的控制；②冲击式水轮机采用针阀及喷嘴，液压系统接力器动作、操作针阀移动，改变喷嘴的开度，实现过流量的控制。

水轮机调节系统实测机组转速及频率，根据与给定值之间的偏差调节导叶的开度，从而改变机组出力，使得调节后的转速及频率符合给定值。水轮机调节系统由调节控制器、液压系统和调节对象组成。调节对象主要是水轮机及导水机构，通常把调节控制器和液压系统称为水轮机调速器。因此，调速器主要就是用来调节水轮机的流量，使机组出力适应电力系统负荷变化的要求，并维持机组转速不变。

水轮机调速器通常由测量元件、综合元件、放大元件、反馈元件及执行元件等组成，如图 4-18 所示。测量元件监测机组频率或转速，并转换、传输信号。通过判别与设定频率的偏差情况，形成综合调节信号。放大元件把该信号放大，然后向执行元件发出指令。执行元件依据指令操作导水机构调节导叶开度。反馈元件同时把导叶开度的变化情况返回综合元件，以核查、修正调节信号。调速器指令的最终执行元件均是机械液压操作装置。通常设油压装置向调速器提供压力油作为动力源，以推动接力器等部件，从而实现导叶开度的改变。

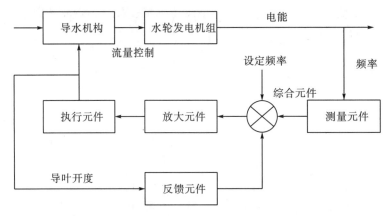

图 4-18 水轮机调节系统图

根据系统构成器件的不同，调速器分类为：①调节控制器为机械元件的机械液压型调速器，运用较早，主要出现在 20 世纪初~50 年代，随着水电站自动化水平的提升，机械液压型调速器的功能已难以满足要求，目前已很少应用。②调节控制器为电气元件的电气液压型调速器，即调速器的信号、指令等，通过电气回路、模拟电路来实现；与机械液压型相比，电气液压型调速器在精度、灵敏度等方面都有明显优势，而且便于设置、调整参数，提高了调节的可靠性和自动化水平，20 世纪 50~80 年代得到广泛应用。③调节控制器为微型电子计算机，于 20 世纪 80 年代发展起来，基于微机具有的强大智能化功能，微机调速器可以获得优越的调节品质，从而保证机组调节系统处于最佳运行状态。目前，水电站已普遍采用微机调速器。

从系统结构角度对调速器分类，大致可以分为辅助接力器型、中间接力器型和并联 PID 型。另外，按工作容量分类，可以分为大、中、小型调速器；按执行机构的数目分类，有单调节和双重调节调速器，例如，混流式和定桨式等水轮机采用单调节，转桨式和冲击式等水轮机采用双重调节。

尽管各类调速器的结构、原理不相同，从动态环节来讲，其特性基本是一致的。从调节规律的角度讲，主要有：PI 型调速器，即比例－积分型；PID 型调速器，即比例－积分－微分型。调节规律是建立调速器动态数学模型的依据。

二、调速器微分方程

根据水轮机调速器系统的结构原理，可以建立各环节的数学模型。在建立调速器微分方程前，先介绍两种调速器的传递函数。

1. PI 型调速器

以辅助接力器型为例，画出 PI 型调速器的方块图，如图 4-19 所示。引导阀和辅助接力器组成调速器的第一级液压放大元件，主配压阀和主接力器组成第二级液压放大元件。其中，T_{y1}、T_y、T_d 分别为辅助接力器反应时间常数、主接力器反应时间常数、缓冲时间常数，一般 T_{y1} 较 T_y 和 T_d 小得多；b_λ、b_p、b_t 分别为局部反馈系数、永态转差系数、暂态转差系数。

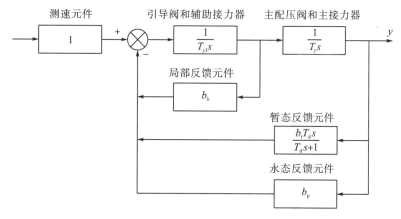

图 4-19　PI 型调速器方块图

通过变换可得出辅助接力器型调速器的传递函数：

$$G_r(s)_{PI} = \frac{T_d s + 1}{T_{y1} T_y T_d s^3 + (T_{y1} T_y + b_\lambda T_y T_d) s^2 + [b_y T_y + (b_t + b_p) T_d] s + b_p}$$

$$(4\text{-}36)$$

取 $T_{y1} \approx 0$，并令 $b_\lambda T_y = T_y^*$，可得出简化后的传递函数为

$$G_r(s)_{PI} = \frac{T_d s + 1}{T_y^* T_d s^2 + [T_y^* + (b_t + b_p) T_d] s + b_p}$$

$$(4\text{-}37)$$

通常 T_y、b_p 很小，令 $T_y \approx 0$，$b_p \approx 0$，则有

$$G_r(s)_{PI} = \underbrace{\frac{1}{b_t}}_{\text{(P)}} + \underbrace{\frac{1}{b_t T_d s}}_{\text{(I)}}$$

$$(4\text{-}38)$$

可以看出，调节作用由比例部分(P)和积分部分(I)组成，呈现为 PI 调节规律。

2. PID 型调速器

在电气液压型调速器的系统结构中，引入前向微分校正装置，对转速偏差取导数，

也称加速度回路，可以画出 PID 型调速器的方块图，如图 4-20 所示。其中，T_n 称为测频微分时间常数或加速时间常数，T_n' 为微分回路的时间常数。一般 $T_n = (5 \sim 10) T_n'$，可在 $0.5 \sim 10s$ 调整。

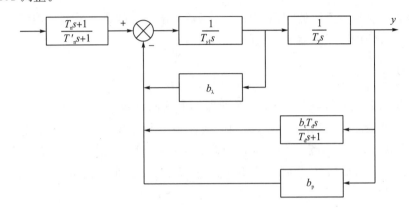

图 4-20　PID 型调速器方块图

根据方块图可得出 PID 型调速器的传递函数：

$$G_r(s)_{\text{PID}} = \frac{T_n s + 1}{T_n' s + 1} \cdot \frac{T_d s + 1}{T_y^* T_d s^2 + [T_y^* + (b_t + b_p) T_d] s + b_p} \tag{4-39}$$

设 $T_n' \approx 0$，$T_y \approx 0$，$b_p \approx 0$，则有

$$G_r(s)_{\text{PID}} = \underset{(\text{P})}{\frac{T_n + T_d}{b_t T_d}} + \underset{(\text{I})}{\frac{1}{b_t T_d s}} + \underset{(\text{D})}{\frac{T_n}{b_t} s} \tag{4-40}$$

可以看出，调节作用由比例部分(P)、积分部分(I)和微分部分(D)组成，呈现为 PID 调节规律。

对上述调速器的传递函数作拉氏变换，可以分别建立调速器的微分方程。

PI 型调速器微分方程：

$$T_y^* T_d \frac{\mathrm{d}^2 y}{\mathrm{d}t^2} + [T_y^* + (b_t + b_p) T_d] \frac{\mathrm{d}y}{\mathrm{d}t} + b_p y + T_d \frac{\mathrm{d}x}{\mathrm{d}t} + x = 0 \tag{4-41}$$

PID 型调速器微分方程：

$$T_y^* T_d \frac{\mathrm{d}^2 y}{\mathrm{d}t^2} + [T_y^* + (b_t + b_p) T_d] \frac{\mathrm{d}y}{\mathrm{d}t} + b_p y + T_n T_d \frac{\mathrm{d}^2 x}{\mathrm{d}t^2} + (T_n + T_d) \frac{\mathrm{d}x}{\mathrm{d}t} + x = 0 \tag{4-42}$$

式中，主接力器相对位移 $y = \Delta Y / Y_{\max}$，ΔY、$Y_{\max}$ 分别为主接力器的位移变化量、最大位移；x 为机组转速偏差相对值，$x = (n - n_r) / n_r$。

对上述调速器的微分方程，可以应用数值计算方法求解，如差分法等。通过求解调速器的微分方程，可获得调速器的动态特性，即确定出机组转速变动与导叶开度变化之间的暂态关系。

另外，对于水轮机调速器参数整定，可按斯坦因的建议：PI 型调速器，$b_t + b_p = 2.6 T_w / T_a$，$T_d = 6 T_w$；PID 型调速器，$b_t + b_p = 1.5 T_w / T_a$，$T_d = 3 T_w$，$T_n = 0.6 T_w$。其中，压力管道水流惯性时间常数 T_w 和机组加速时间常数 T_a 将在后面章节专门讨论。

第五章　调压室水力过渡过程

第一节　调压室的作用和要求

对于有较长引水管的水电站，为改善水击压力现象，常在厂房附近引水道与压力管道衔接处建造调压室。调压室扩大断面面积、带自由水面，能有效截断水击波的传播，相当于把引水系统分成了两段。调压室上游(或下游)的引水道可以避免水击压力的影响，水击波主要在压力管道中传播，缩短了传递长度，从而可以减小压力管道中的水击值。因此，在长引水发电系统中设置调压室，可以改善水电站在负荷变化时的运行条件。

根据其功用，调压室应满足以下基本要求：

(1)调压室应尽量靠近厂房，缩短压力管道的长度，以减小管道中的水击压力。

(2)调压室应有合适的断面尺寸，以保证水击波能充分反射。

(3)在机组负荷变化时，调压室水位波动衰减，工作必须是稳定的。

(4)正常运行时，水流经过调压室底部的水头损失要小。

(5)工作安全可靠，便于施工、经济合理。

对下游调压室的要求类似，不过与压力管道对应的是尾水管，与引水道对应的是尾水道。上述各项要求常存在相互矛盾，应根据系统布置具体情况，统筹考虑各方面的要求，通过对比分析，达到技术上可行、经济上合理的目的。

第二节　调压室类型及设置条件

一、调压室类型

根据调压室与厂房相对位置的不同，主要有如下基本方式。

(1)上游调压室(引水调压室)。调压室布置在厂房上游的引水道上，适用于上游有较长有压引水道的情况，是应用最为广泛的一种，如图 5-1(a)所示。

(2)下游调压室(尾水调压室)。当厂房下游尾水道较长时，需设置尾水调压室。在水电站丢弃负荷后，机组流量减少，尾水调压室向尾水道补水，可以防止丢弃负荷时产生过大的负水击，因此应尽可能靠近机组，如图 5-1(b)所示。

(3)上、下游双调压室。当厂房上、下游都有较长的压力引水道时，需要在上、下游均设置调压室，以减小水击压力、改善机组运行条件，如图 5-1(c)所示。

另外，还有在上游引水道上串联主、副两个调压室的系统，以及并联、混联调压室等布置方式。

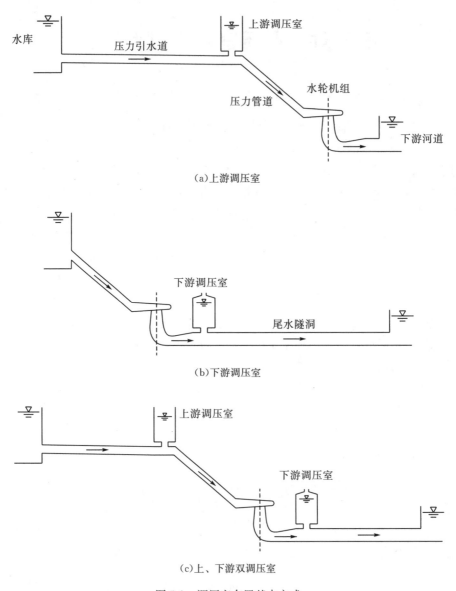

（a）上游调压室

（b）下游调压室

（c）上、下游双调压室

图 5-1　调压室布置基本方式

按调压室结构形式的不同，可分为以下几种基本形式。

（1）简单式。调压室自上而下具有相同的断面，如图 5-2（a）所示。该种调压室结构形式简单、反射水击波的效果好。缺点是调压室水位波动幅度大、衰减慢，水流流经调压室底部时水头损失较大。

（2）阻抗式。把简单圆筒式底部收缩成孔口或设置连接管，就成为阻抗式调压室，如图 5-2（b）所示。阻抗孔能消耗流入、流出调压室的部分能量，因此可以减小水位波动幅度、加快衰减，但反射水击波的效果不如简单圆筒式。

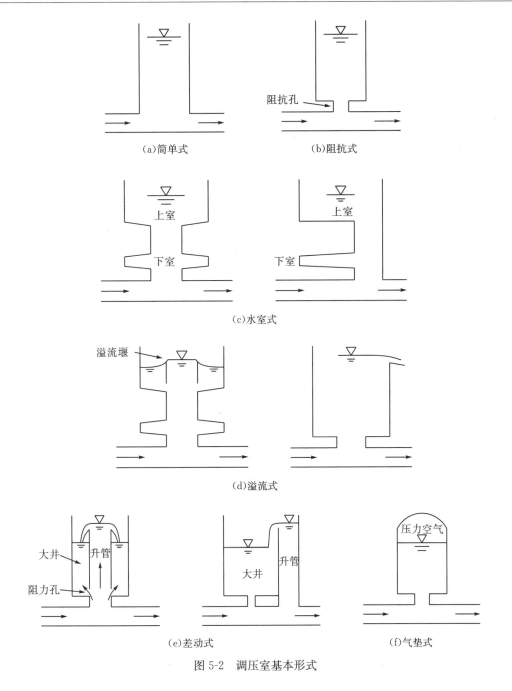

(a)简单式   (b)阻抗式

(c)水室式

(d)溢流式

(e)差动式   (f)气垫式

图 5-2 调压室基本形式

(3)水室式。调压室竖井的断面较小,上、下分别设置一个断面较大的储水室,如图 5-2(c)所示。水位上升时,上室可以发挥蓄水作用,以限制最高涌波水位。水位下降至下室时,下室可以补充水量,以限制最低涌波水位。水室式调压室适用于水头较高、水位变幅较大的水电站。

(4)溢流式。在调压室顶部设有溢流堰,水位到顶自动溢流,可以限制水位继续升高,如图 5-2(d)所示。溢流式调压室若增设下室,可有效限制水位下降。

（5）差动式。典型差动式调压室由两个直径不同的圆筒组成，中间的圆筒直径较小，称为升管，外面的圆筒称为大井。升管顶部设溢流堰、底部设阻力孔，分别与大井相通，如图 5-2(e) 中左图所示。目前，在实际工程中，一般利用紧靠大井下游的闸门井兼作升管，其顶部溢流堰与大井相通，如图 5-2(e) 中右图所示。差动式调压室综合了阻抗式和溢流式的优点。机组丢弃负荷时，引水道内的水先进入升管，并快速上升至顶部向大井溢水，可以实现快速反射水击波的作用。同时，部分水流通过下部阻力孔流入大井，由于大井断面面积大，水位上升缓慢，可以限制大井水位波动的幅度。升管、大井经过几次水位重复波动，水位差逐渐减小，最终稳定在同一水位。差动式调压室反射水击波的效果好、水位稳定快，断面尺寸相对较小，缺点是结构复杂、造价较高。

（6）气垫式。把调压室设计为密闭洞室，下部为水体，水面以上空间充满压力空气，如图 5-2(f) 所示。当调压室水位波动时，利用空气的压缩、膨胀作用，可以减小调压室水位涨落的幅度。气垫式调压室适用于高水头、引水道深埋的水电站，对地质条件要求较高。

二、调压室设置条件

调压室是改善有压引水系统、水电站运行条件的一种可靠措施。设置调压室需增加较大的工程投资和维护费，特别对于低水头电站，在整个引水系统造价中调压室可能占相当大的比例。是否设置调压室，应进行引水系统与水轮机组的调节保证计算和运行条件分析，同时考虑水电站在电力系统中的作用、地形及地质条件、压力管道的布置等因素，进行技术经济比较。

我国《水电站调压室设计规范》建议按以下条件，初步判别是否需要设置调压室。处在设置调压室临界状态的水电站，应采用数值法进行水力过渡过程计算，进一步论证是否设置调压室。

1. 基于水道特性的初步判别条件

1）设置上游调压室的条件
可按式(5-1)和式(5-2)作初步判别。

$$T_w > [T_w] \tag{5-1}$$

$$T_w = \frac{\sum L_i V_i}{g H_P} \tag{5-2}$$

式中，T_w 为压力管道中水流惯性时间常数，s；L_i 为压力管道及蜗壳各段的长度，m；V_i 为各管段内相应的平均流速，m/s；g 为重力加速度，m/s^2；H_P 为设计水头，m；$[T_w]$ 为 T_w 的允许值。

$[T_w]$ 的取值随电站在电力系统中的作用而异，一般取 2~4s。当水电站作孤立运行，或机组容量在电力系统中所占的比重超过 50% 时，宜用小值；当比重小于 10% 时可取大值。

2)设置下游调压室的条件

以尾水管内不产生液柱分离为前提。

(1)常规水电站满足式(5-3)时应设置下游调压室。

$$\sum L_{wi} > \frac{5T_S}{V_{w0}}\left(8 - \frac{\nabla}{900} - \frac{V_{wj}^2}{2g} - H_S\right) \tag{5-3}$$

式中，L_{wi} 为压力尾水管及尾水管各段的长度，m；T_S 为水轮机导叶有效关闭时间，s；V_{w0} 为稳定运行时压力尾水道中的平均流速，m/s；V_{wj} 为水轮机转轮后尾水管入口处的平均流速，m/s；H_S 为水轮机吸出高度，m；∇ 为机组安装高程，m。

(2)抽水蓄能电站可按式(5-4)作初步判别。

$$T_{ws} = \frac{\sum L_{wi} V_i}{g(-H_S)} \tag{5-4}$$

式中，T_{ws} 为压力尾水道及尾水管水流惯性时间常数，s；V_i 为压力尾水道及尾水管各段的平均流速，m/s。$T_{ws} \leqslant 4s$ 可不设下游调压室，$T_{ws} \geqslant 6s$ 应设置下游调压室，$4s < T_{ws} < 6s$ 应详细研究设置下游调压室的必要性。

(3)最终通过水力过渡过程计算验证，考虑涡流引起的压力下降与计算误差等不利影响后，尾水管进口处的最大真空度不大于 8m 水柱，可不设下游调压室。大容量机组宜适当增加安全裕度。高海拔地区应按式(5-5)作高程修正：

$$H_v \leqslant 8 - \frac{\nabla}{900} \tag{5-5}$$

式中，H_v 为尾水管进口处的最大真空度(水柱)，m。

2. 基于机组特性的初步判别条件

电站运行稳定性与水流惯性时间常数 T_{wl}、机组加速时间常数 T_a 等密切相关，不设置上游调压室的初步判别条件应满足式(5-6)的规定：

$$T_{wl} \leqslant -\sqrt{\frac{9}{64}T_a^2 - \frac{7}{5}T_a + \frac{784}{25}} + \frac{3}{8}T_a + \frac{24}{5} \tag{5-6}$$

式中，T_{wl} 为上、下游自由水面间压力水道中水流惯性时间常数，s；T_a 为机组加速时间常数，$T_a = GD^2 n_r^2/(365 P_r)$，s。其中 GD^2 为机组的飞轮力矩，$t \cdot m^2$ 或 $kg \cdot m^2$，n_r 为机组的额定转速，r/min，P_r 为机组的额定出力，kW 或 W。

水流惯性时间常数 T_{wl} 应按式(5-2)计算，其中 L_i、V_i 分别为压力管道、蜗壳、尾水管及尾水延伸管道各段的长度及平均流速。

不满足式(5-6)时，可按如图 5-3 所示关系图进行初步判别：当处在①区时，可不设上游调压室；当处在③区时，应设置上游调压室；当处在②区时，应详细研究设置上游调压室的必要性。

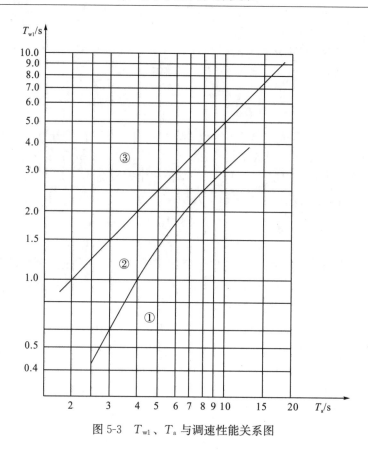

图 5-3　T_{w1}、T_a 与调速性能关系图

三、水流惯性时间常数和机组加速时间常数

1. 水流惯性时间常数 T_w

T_w 可用来表征压力引水系统惯性大小的水流加速时间，也称为水流加速时间常数。按照刚性水击的理论，可以导出压力管道中水击压力的计算公式。

$$\frac{H - H_0}{H_0} = -\frac{LV_0}{gH_0}\frac{\mathrm{d}q}{\mathrm{d}t} \tag{5-7}$$

式中，H、H_0 为某时、初始的水头；L 为引水管长度；V_0 为管中初始流速；$q = Q/Q_0$ 为流量的相对值。令

$$T_w = \frac{LV_0}{gH_0} \tag{5-8}$$

从量纲上分析：T_w 的量纲是时间。由于 $T_w = \rho LV_0/(\gamma H_0)$，分子为管中水流单位面积的动量，分母是压强。因此，T_w 的物理意义就是：在水头 H_0 作用下，当不计水头损失时，管道内水流从静止加速到 V_0 所需要的时间。

水流惯性时间常数 T_w 的实际意义如下。

（1）T_w 越大，表明水流惯性越大，在同样条件下水击压力的相对值也越大，对水轮机组调节过程的影响也就越大。从降低水击压力的观点来看，T_w 越小越好。

(2) T_w 值可以作为初步判断是否需要设置调压室的重要参数。

(3) 水击常数 $\sigma = LV_0/(gH_0T_s)$ 与 T_w 存在着如下的关系：$\sigma = T_w/T_s$，T_s 为导叶关闭时间。因此，σ 是水流加速时间常数的相对值。

2. 机组加速时间常数 T_a

根据水轮发电机组的转动方程，有

$$\frac{GD^2}{4M_0}\frac{\mathrm{d}\omega}{\mathrm{d}t} = m - m_g \tag{5-9}$$

式中，m 为水轮机动力矩的相对值，$m = M/M_0$；m_g 为机组阻力矩的相对值，$m_g = M_g/M_0$；M_0 为机组在额定转速 n_r 下发额定出力 P_r 时作用在主轴上的力矩；ω 为机组角速度，$\omega = \pi n/30$。

采用机组转速偏差的相对值表示 $x = (n - n_r)/n_r$，令 $P_r = M_0\pi n_r/30$，可以导出：

$$\frac{GD^2 n_r^2}{365 P_r}\frac{\mathrm{d}x}{\mathrm{d}t} = m - m_g \tag{5-10}$$

令

$$T_a = \frac{GD^2 n_r^2}{365 P_r} \tag{5-11}$$

式中，GD^2 和 P_r 的单位要对应，分别采用 t·m²、kW 或 kg·m²、W，若 GD^2 单位为 kN·m²，要注意转换单位。

机组加速时间常数 T_a 也称为机组惯性时间常数。从量纲上分析：T_a 的量纲是时间。T_a 的物理意义：在水轮机动力矩 M_0 的作用下，使机组转速从零加速到额定转速 n_r 所需要的时间。

T_a 的实际意义如下。

(1) T_a 反映了机组旋转体的惯性，T_a 越大，惯性越大。

(2) T_a 越大，机组转速变化率就越小，从减小转速变化的角度来看，T_a 越大对调节保证越有利。T_a 值可以作为初步判断是否需要设置调压室的重要参数。

(3) 增大机组的飞轮力矩 GD^2，可以提高 T_a，但会增加机组成本。

(4) 立式水轮机组的 T_a 为 6~11s；灯泡贯流式机组的 T_a 较小，为 1.5~3s。

可以看出：T_w 和 T_a 都是分析水电站水力过渡过程的重要指标，各自反映水流和机组的一个方面。可以把两者综合起来考虑，令 $t_{aw} = T_a/T_w$，称 t_{aw} 为加速时间比。显然加速时间比越大对机组稳定越有利。

另外，根据《水轮机电液调节系统及装置技术规程》的有关规定，无调压设施时对 T_w 和 T_a 有如下要求：

(1) 对 PID 型调速器，水轮机引水系统的水流惯性时间常数 $T_w \leqslant 4s$；对 PI 型调速器，$T_w \leqslant 2.5s$；

(2) 水流惯性时间常数 T_w 与机组加速时间常数 T_a 的比值不大于 0.4；

(3) 反击式机组的 $T_a \geqslant 4s$，冲击式机组的 $T_a \geqslant 2s$。

第三节　调压室水位波动计算

一、调压室基本方程

调压室基本方程是计算调压室水位波动的理论依据。求解出调压室可能出现的最高、最低涌波水位及其变化过程，从而决定调压室的高度、引水道的设计内水压力及布置高程等。

图 5-4 为设有调压室的有压引水系统的示意图。调压室水位 z 以水库水位 ∇（高程）为基准，向下为正，转换成高程水位时为 $\nabla - z$，L 为压力引水道长度。当水电站稳定运行、水轮机引用流量不变时，压力引水道中水流为恒定流，流量与水轮机引用流量相等。此时，调压室没有流量流入或流出，水位保持固定。当机组负荷改变、水轮机引用流量发生变化时，压力引水道流量和调压室水位均将发生变化，即引水系统将处于水力过渡过程。

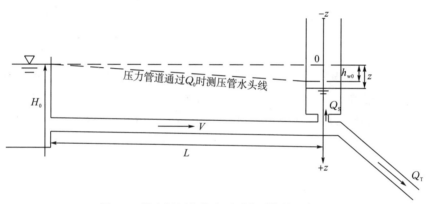

图 5-4　设有调压室的有压引水系统的示意图

推导调压室基本方程时所作的假定如下：

(1)压力引水道是刚性的，水体是不可压缩的，即水流变化立即反应到整个系统。

(2)调压室中水体的惯性与压力引水道中水体的惯性相比很小，可以忽略。

(3)水力过渡过程的水头损失用稳定状态公式计算。

1. 调压室连续方程

根据水流连续性定律，调压室下部连接处可以写出如下连续方程：

$$Q_{\mathrm{T}} = fV - Q_{\mathrm{S}} \tag{5-12}$$

式中，Q_{T} 为水轮机引用流量；f 为压力引水道断面面积；V 为压力引水道中的流速；Q_{S} 为流入调压室的流量，流出调压室为负。

调压室中流量和水位的关系为

$$-Q_{\mathrm{S}} = F \frac{\mathrm{d}z}{\mathrm{d}t} \tag{5-13}$$

式中，F 为调压室的断面面积。因此，调压室连续方程为

$$F \frac{\mathrm{d}z}{\mathrm{d}t} = Q_\mathrm{T} - fV \tag{5-14}$$

2. 调压室动力方程

沿水流方向，压力引水道中水体所受的作用力为

$$\gamma H_0 f - \gamma h_\mathrm{w} f - \gamma (H_0 - z) f = \gamma (z - h_\mathrm{w}) f \tag{5-15}$$

式中，γ 为水的容重；H_0 为静水头；h_w 为压力引水道通过流量 Q 时的沿程水头损失。

根据牛顿第二定律，压力引水道中水体质量与其加速度的乘积等于该水体所受的作用力，即

$$L f \frac{\gamma}{g} \frac{\mathrm{d}V}{\mathrm{d}t} = \gamma (z - h_\mathrm{w}) f \tag{5-16}$$

因此，可以得出调压室动力方程为

$$\frac{L}{g} \frac{\mathrm{d}V}{\mathrm{d}t} = z - h_\mathrm{w} \tag{5-17}$$

二、水位波动解析计算

对于简单式和阻抗式调压室的水位波动，可以应用上述基本方程解析求解。解析法较为简便，可直接求出调压室最高、最低水位，但不能提供水位波动的全过程，常用于初步估算调压室的尺寸。

1. 丢弃全负荷情况

当机组丢弃全负荷后，水轮机引用流量 $Q_\mathrm{T}=0$，调压室连续方程为

$$F \frac{\mathrm{d}z}{\mathrm{d}t} + fV = 0 \tag{5-18}$$

考虑在水流进出调压室时，由转弯、收缩和扩散引起的阻抗孔口水头损失为 h_c，则动力方程为

$$\frac{L}{g} \frac{\mathrm{d}V}{\mathrm{d}t} = z - h_\mathrm{w} - h_\mathrm{c} \tag{5-19}$$

式中，$h_\mathrm{w} = h_{\mathrm{w}0} \left(\dfrac{Q}{Q_0} \right)^2 = h_{\mathrm{w}0} \left(\dfrac{V}{V_0} \right)^2$；$h_\mathrm{c} = h_{\mathrm{c}0} \left(\dfrac{Q}{Q_0} \right)^2 = h_{\mathrm{c}0} \left(\dfrac{V}{V_0} \right)^2$。$h_{\mathrm{w}0}$ 和 $h_{\mathrm{c}0}$ 分别为流量 Q_0 流过压力引水道和进出调压室所引起的水头损失。

令 $y = V/V_0$，则 $V = yV_0$，$\mathrm{d}V = V_0 \mathrm{d}y$；令 $\eta = h_{\mathrm{c}0}/h_{\mathrm{w}0}$。将以上关系代入式(5-19)化解，可以推导出：

$$\frac{LV_0}{gh_{\mathrm{w}0}} \frac{\mathrm{d}y}{\mathrm{d}t} + (1 + \eta) y^2 = \frac{z}{h_{\mathrm{w}0}} \tag{5-20}$$

利用式(5-18)消去式(5-20)中的 $\mathrm{d}t$，得出

$$-\lambda \frac{\mathrm{d}(y^2)}{\mathrm{d}z} + (1 + \eta) y^2 = \frac{z}{h_{\mathrm{w}0}} \tag{5-21}$$

式中，$\lambda = \dfrac{LfV_0^2}{2gFh_{w0}}$ 具有长度因次，用以表示"引水道-调压室"系统的特性。令 $X = \dfrac{z}{\lambda}$，

$X_0 = \dfrac{h_{w0}}{\lambda}$，代入式(5-21)，得

$$\frac{\mathrm{d}(y^2)}{\mathrm{d}X} - (1+\eta)y^2 + \frac{X}{X_0} = 0 \tag{5-22}$$

式(5-22)为变量 y^2 和 X 的一阶线性微分方程式，积分后得

$$y^2 = \frac{(1+\eta)X + 1}{(1+\eta)^2 X_0} + C\mathrm{e}^{(1+\eta)X} \tag{5-23}$$

积分常数 C 可由初始条件决定。波动开始 $t=0$ 时 $V = V_0$，即 $y = 1$，$X = X_0$，故有

$$C = \frac{\eta(1+\eta)X_0 - 1}{(1+\eta)^2 X_0}\mathrm{e}^{-(1+\eta)X_0} \tag{5-24}$$

从而求解出

$$y^2 = \frac{(1+\eta)X + 1}{(1+\eta)^2 X_0} + \frac{\eta(1+\eta)X_0 - 1}{(1+\eta)^2 X_0}\mathrm{e}^{-(1+\eta)(X_0-X)} \tag{5-25}$$

式(5-25)表明：可以用调压室的任何水位 $z = \lambda X$，计算出与之对应的引水道的流速 $V = V_0 y$；也可以进行相反的计算。也就是说，式(5-25)给出了任意时刻调压室水位与引水道流速之间的关系，但没有提供二者与时间 t 的关系，故不能求出水位波动的过程。但可以求解调压室水位波动的最高、最低极限值。

1)最高涌波水位

在水位达到最高时，$X_m = z_m/\lambda$，有 $V = 0$，即 $y = 0$，代入式(5-25)得

$$1 + (1+\eta)X_m = [1 - (1+\eta)\eta X_0]\mathrm{e}^{-(1+\eta)(X_0-X_m)} \tag{5-26}$$

两边取对数得

$$\ln[1 + (1+\eta)X_m] - (1+\eta)X_m = \ln[1 - (1+\eta)\eta X_0] - (1+\eta)X_0 \tag{5-27}$$

注意 X_m 的符号：在静水位以上为负，在静水位以下为正。

式(5-27)适用于阻抗式调压室，对于简单式调压室，可以不考虑附加阻抗，即 $\eta = 0$，则关系式简化为

$$\ln(1 + X_m) - X_m = -X_0 \tag{5-28}$$

注意：上述公式仅适用于水轮机流量瞬时减小至零，即突然丢弃全负荷的情况。

2)第二振幅水位

当调压室水位到达最高水位 z_m 后，水位开始下降至最低水位 z_2，称为第二振幅。在这一过程中，水流从调压室流出至引水道且朝水库方向，因此，水头损失 h_w 和 h_c 的符号与之前相反。这时调压室连续方程不变，动力方程应表示为

$$\frac{L}{g}\frac{\mathrm{d}V}{\mathrm{d}t} = z + h_w + h_c \tag{5-29}$$

用相同的方法处理，可以求得

$$(1+\eta)X_m + \ln[1 - (1+\eta)X_m] = (1+\eta)X_2 + \ln[1 - (1+\eta)X_2] \tag{5-30}$$

对简单式调压室，如 $\eta = 0$，则

$$X_m + \ln(1 - X_m) = X_2 + \ln(1 - X_2) \tag{5-31}$$

可以看出：先求出 X_m 后，随即可求出第二振幅 $z_2 = \lambda X_2$。在应用式(5-30)和式(5-31)时，要特别注意 X_m 的符号为负，X_2 的符号为正。

2. 增加负荷情况

当机组突然增加负荷时，调压室发生最低涌波水位。波动微分方程式不能像丢弃全负荷那样进行积分，只能作某些假定求出近似解。

当水电站的流量由 mQ_0 增至 Q_0 时，对简单式调压室，若阻抗 $\eta = 0$，可按 Vogt 公式计算调压室最低涌波水位 z_{min}。

$$\frac{z_{min}}{h_{w0}} = 1 + (\sqrt{\varepsilon} - 0.275\sqrt{m} + \frac{0.05}{\varepsilon} - 0.9)(1 - m)\left(1 - \frac{m}{\varepsilon^{0.62}}\right) \tag{5-32}$$

式中，$\varepsilon = \dfrac{LfV_0^2}{gFh_{w0}^2}$ 为无因次系数，也表示为"引水道－调压室"系统的特性；与前面 λ 相比，对简单式调压室来说，有 $\varepsilon = \dfrac{2\lambda}{h_{w0}} = \dfrac{2}{X_0}$。

可用式(5-31)求解丢弃全负荷时调压室的第二振幅水位；用式(5-32)求解增加负荷时调压室的最低水位。两个水位的最低值作为调压室的最低涌波水位，应保证最低水位不低于调压室底板并有一定安全水深，以免把空气带入引水道中。

另外，对于下游调压室水力计算，可采用与上述上游调压室相同的处理方法、类似的计算公式。区别在于：丢弃负荷时，计算调压室的最低涌波水位；增加负荷时，计算最高涌波水位。

三、无阻尼系统水位波动

假设引水系统的水头损失为零，可以得出无阻尼系统的动力方程：

$$\frac{L}{g}\frac{dV}{dt} = z \tag{5-33}$$

另外，假定初始稳定状态水轮机的引用流量为 Q_0，在 $t = 0$ 时刻瞬时从 Q_0 减到零，则调压室连续方程可以写为

$$F\frac{dz}{dt} = -fV \tag{5-34}$$

对方程式(5-34)微分，并将式(5-33)代入所得式中，可以推导出：

$$\frac{d^2z}{dt^2} + \frac{gf}{LF}z = 0 \tag{5-35}$$

式(5-35)中变量 z 的系数为正实常数，根据常微分方程理论，其通解为

$$z = C_1\cos\left(\sqrt{\frac{gf}{LF}}t\right) + C_2\sin\left(\sqrt{\frac{gf}{LF}}t\right) \tag{5-36}$$

式中，C_1 和 C_2 是任意常数，取决于初始条件。

在 $t = 0$ 时有如下关系：

(1) $z = 0$，可以导出 $C_1 = 0$。

(2) $fV = Q_0$，故 $\dfrac{\mathrm{d}z}{\mathrm{d}t} = -\dfrac{Q_0}{F}$，可以导出 $C_2 = -Q_0\sqrt{\dfrac{L}{gfF}}$。

因此，可以得出：

$$z = -Q_0\sqrt{\frac{L}{gfF}}\sin\left(\sqrt{\frac{gf}{LF}}t\right) \tag{5-37}$$

式(5-37)是描述无阻尼的"水库－引水道－调压室"系统的调压室水位波动方程，波动的周期和振幅分别为

$$T = 2\pi\sqrt{\frac{LF}{gf}} \tag{5-38}$$

$$|z_m| = Q_0\sqrt{\frac{L}{gfF}} \tag{5-39}$$

该方程可以描述出突然丢弃全部负荷时调压室水位的波动过程，如图 5-5 所示。

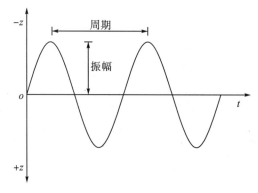

图 5-5　无阻尼系统调压室水位波动(突然丢弃全部负荷)

可以看出：在不考虑引水系统水头损失时，调压室水位随时间按等幅正弦波动，波动不会衰减。实际引水系统中由于阻力作用，调压室水位波动将逐渐衰减，最终稳定。

第四节　调压室稳定性

一、水位波动稳定

水电站设置调压室后，引水系统水力过渡过程发生了变化。在压力引水道和调压室中将出现与水击波性质不完全相同的波动，带来了调压室水位波动的稳定问题。波动稳定是调压室工作的一个基本要求，既要满足小波动稳定的要求，又要满足大波动稳定的要求。在任何工作情况下，都应该保证调压室水位波动是衰减的。

水电站运行过程中负荷变化等原因，都可能引起调压室水位发生改变，从而影响水轮机的水头、流量及出力。如果水轮机导水机构按指令达到设定导叶开度后保持不变，那么，由于引水系统摩擦阻力的影响，调压室水位波动一定是衰减的。不考虑电力系统对机组的影响，如果在调节过程中不是保持导叶开度不变，而是调速器为保证一定出力

不变，指令导水机构调整导叶开度相应地改变水轮机的流量，又反过来会引起调压室的水位波动。例如，当负荷减小时导叶将适当关闭以减小流量，这时调压室水位将随之上升。若调压室断面过小，则水位升高值可能较大，以致有可能因水头增大而使机组出力反而加大。于是导叶将继续关闭，流量进一步减小。结果导致调压室水位波动逐渐增大，而不是逐渐衰减，从而出现波动不稳定现象。

德国汉堡水电站曾出现调压室水位波动不稳定的现象。德国的托马研究了装有调速器的调压室水位波动的稳定问题，提出只有调压室的断面面积大于某一个最小值时，水位波动才是稳定的。因此，称调压室的最小断面为托马断面。

二、小波动稳定条件

调压室稳定断面、托马断面的理论推导，基于以下假定：

(1)调压室水位波动为无限小，即针对小波动稳定性。

(2)水电站孤立运行，调速器绝对灵敏、严格保持机组出力为常数。

(3)忽略水轮机组的效率变化。

(4)调压室与压力引水道直接连接，不考虑调压室底部流速水头的影响。

研究调压室波动稳定性，除利用调压室的基本方程外，还要引入水轮机组的等出力方程(调速方程)。

调压室水位发生小波动之前，即机组负荷变化前，水轮机的有效水头为 $H = H_0 - h_{w0} - h_{wm0}$，其中 H_0 为静水头，h_{w0} 为压力引水道通过流量 Q_0 时的水头损失，h_{wm0} 为调压室下游压力管道通过流量 Q_0 时的水头损失。设水轮机组效率为 η_0，则机组出力为 $9.81Q_0(H_0 - h_{w0} - h_{wm0})\eta_0$。当调压室水位发生一个微小变化时，设水位下降 x 值，为了保持机组出力，调速器使水轮机增加一微小流量 q，此时机组出力变化可写为

$$P = 9.81(Q_0 + q)(H_0 - h_{w0} - x - h_{wm})\eta \tag{5-40}$$

式中，$h_{wm} = h_{wm0}[(Q_0 + q)/Q_0]^2$，考虑到 $(q/Q_0)^2$ 甚小，忽略此二阶微量，有 $h_{wm} \approx h_{wm0}(1 + 2q/Q_0)$。根据调压室水位波动前后机组出力应保持固定不变的原则，有

$$9.81Q_0(H_0 - h_{w0} - h_{wm0})\eta_0 = 9.81(Q_0 + q)(H_0 - h_{w0} - x - h_{wm})\eta \tag{5-41}$$

考虑到水轮机工况变动较小，认为机组效率保持不变，即 $\eta = \eta_0$，可得等出力方程(又称调速方程)如下：

$$Q_0(H_0 - h_{w0} - h_{wm0}) = (Q_0 + q)(H_0 - h_{w0} - x - h_{wm}) \tag{5-42}$$

忽略 x、q 的二次项和两者乘积项，可简化得出

$$q = \frac{Q_0 x}{H_0 - h_{w0} - 3h_{wm0}} \tag{5-43}$$

压力引水道通过流量 Q_0 时流速为 $V_0 = Q_0/f$，当流量变为 $Q = Q_0 + q$ 后，流速变为 $V = V_0 + y$，y 为流速的微增量。由调压室连续方程得

$$F\frac{\mathrm{d}z}{\mathrm{d}t} = (Q_0 + q) - f(V_0 + y) \tag{5-44}$$

因为 $fV_0 = Q_0$，所以

$$q = fy + F \frac{\mathrm{d}z}{\mathrm{d}t} \tag{5-45}$$

将式(5-43)代入式(5-45)得

$$fy + F \frac{\mathrm{d}z}{\mathrm{d}t} = \frac{Q_0 x}{H_1} \tag{5-46}$$

式中，$H_1 = H_0 - h_{w0} - 3h_{wm0}$。调压室水位变化 x 是以正常运行时的稳定水位为基点，因此 $z = h_{w0} + x$，$\frac{\mathrm{d}z}{\mathrm{d}t} = \frac{\mathrm{d}x}{\mathrm{d}t}$，即

$$fy + F \frac{\mathrm{d}x}{\mathrm{d}t} = \frac{Q_0 x}{H_1} \tag{5-47}$$

由此得出

$$y = \frac{Q_0 x}{f H_1} - \frac{F}{f} \frac{\mathrm{d}x}{\mathrm{d}t} = \frac{V_0 x}{H_1} - \frac{F}{f} \frac{\mathrm{d}x}{\mathrm{d}t} \tag{5-48}$$

即

$$\frac{\mathrm{d}y}{\mathrm{d}t} = \frac{V_0}{H_1} \frac{\mathrm{d}x}{\mathrm{d}t} - \frac{F}{f} \frac{\mathrm{d}^2 x}{\mathrm{d}t^2} \tag{5-49}$$

当压力引水道中流速为 $V = V_0 + y$ 时，水头损失为 $h_w = \alpha (V_0 + y)^2$，当调压室底部设有连接管时还应有流速水头损失 $V^2/(2g)$。水头损失系数 $\alpha = h_{w0}/V_0^2$，包括局部水头损失和沿程水头损失。若忽略微量 y 的平方项，h_w 可以表示为

$$h_w = h_{w0} + 2\alpha V_0 y \tag{5-50}$$

此外有

$$\frac{\mathrm{d}V}{\mathrm{d}t} = \frac{\mathrm{d}y}{\mathrm{d}t} \tag{5-51}$$

将式(5-50)和式(5-51)代入动力方程，可得

$$\frac{L}{g} \frac{\mathrm{d}y}{\mathrm{d}t} = z - h_{w0} - 2\alpha V_0 y \tag{5-52}$$

把式(5-48)和式(5-49)代入式(5-52)，整理得出：

$$\frac{\mathrm{d}^2 x}{\mathrm{d}t^2} + V_0 \left(\frac{2\alpha g}{L} - \frac{f}{F H_1} \right) \frac{\mathrm{d}x}{\mathrm{d}t} + \frac{gf}{LF} \left(1 - \frac{2\alpha V_0^2}{H_1} \right) x = 0 \tag{5-53}$$

此式即"引水道－调压室"系统的小波动运动方程式。

该微分方程式可以表示为下列形式：

$$x'' + 2mx' + \omega^2 x = 0 \tag{5-54}$$

式中，$m = \frac{V_0}{2} \left(\frac{2\alpha g}{L} - \frac{f}{F H_1} \right)$；$\omega^2 = \frac{gf}{LF} \left(1 - \frac{2\alpha V_0^2}{H_1} \right)$。这是一个二阶常系数齐次线性微分方程，表示一个有阻尼的自由振动，m 为阻尼系数，ω 为振动频率。由振动理论可知：只有当阻尼项和恢复力项都是正值，即满足 $m > 0$ 和 $\omega^2 > 0$ 的条件时，振动才是衰减的。

因此，调压室水位波动稳定的条件如下。

(1) $m > 0$，即

$$F > F_{\mathrm{Th}} = \frac{Lf}{2\alpha g H_1} = \frac{Lf}{2\alpha g (H_0 - h_{w0} - 3h_{wm0})} \tag{5-55}$$

这就是保证调压室水位波动稳定所需的最小断面，实际断面必须大于这个临界断面。调压室的这个临界断面由托马得出，通常称为托马断面，用 F_{Th} 表示。注意：当调压室底部设有连接管时，α 用 $\alpha + 1/(2g)$ 代替。

（2）$\omega^2 > 0$，即

$$h_{w0} + h_{wm0} < \frac{1}{3} H_0 \tag{5-56}$$

即要求压力引水道和压力管道水头损失之和必须小于水电站静水头的 1/3。在实际工程中，一般水头损失占总水头的比重是很小的，这一条件通常均能满足。

三、调压室稳定断面

根据上述稳定条件，上游调压室的稳定断面面积可按 $F = K F_{Th}$ 计算，系数 K 一般采用 $1.0 \sim 1.1$。设计计算时 H_0 按发电最小毛水头，即对应上下游最小水位差、机组发出最大输出功率时的毛水头。

类似地，下游调压室的稳定断面面积也可按上述公式计算，只是用压力尾水道参数代替压力引水道参数，其中的 h_{wm0} 采用调压室上游管道总水头损失（包括压力管道和尾水延伸管道水头损失）。

差动式调压室是用升管和大井面积之和来保证，水室式调压室是用竖井面积来保证。对于上下游双调压室、上游双调压室及其他特殊布置方式的调压室稳定断面面积计算，应进行专门论证。

上述小波动稳定推导过程，针对的是常规调压室。类似地，基于"托马假定"条件，可导出气垫式调压室临界稳定断面面积 F_{SV} 的计算公式为：

$$F_{SV} = F_{Th} \left(1 + \frac{mP_0}{l_0} \right) = \frac{Lf}{(2g\alpha_{min} + 1)(H_0 - h_{w0} - 3h_{um0})} \left(1 + \frac{mP_0}{l_0} \right) \tag{5-57}$$

式中：m 为气体的比热比（多变指数），取决于气室中气体的热力学过程，恒温压缩或膨胀过程 $m-1$，绝热压缩或膨胀过程 $m=1.4$；P_0 为气室内气体的绝对压力水头；l_0 为气室内气体体积折算为 F_{SV} 时的高度；α_{min} 为压力引水道最小水头损失系数。可以看出：气垫式调压室的临界稳定断面积 F_{SV} 大于常规开敞式调压室的临界稳定断面积 F_{Th}。

研究表明：采用临界稳定断面积的概念，判断气垫式调压室小波动稳定性是不准确的。气垫式调压室波动稳定性取决于各运行工况室内的气体压力、气体体积、水面面积，不是由某一个因素单独决定的；在调压室体型参数未定的情况下，仅增加调压室断面积并不能保证上式成立，且当气体体积、压力变化时 F_{SV} 计算结果的变化很敏感；在实际工程中，一般 l_0 远小于 mP_0，故 F_{SV} 计算结果主要由室内气体压力决定。因此，能够描述气垫式调压室小波动稳定性的主要特征参数是气室内的气体体积和气体绝对压力。按等"气室控制常数 C_{T0}"模式控制，当气体体积确定时，气体绝对压力也是唯一确定的。可见，与气垫式调压室稳定性密切相关的设计参数为气体体积。

气垫式调压室临界稳定气体体积 $\forall_{Th}$ 的计算公式为：

$$\forall_{Th} = \frac{[l_0 + m(Z_{u\,max} - Z_0 + \overline{H} - h_{w0})]Lf}{(2g\alpha_{min} + 1)(Z_{u\,max} - Z_d - h_{w0} - 3h_{um0})} \tag{5-58}$$

忽略上式中的部分次要影响参数，而将其他各参数按不利情况取值，可得简化计算公式：

$$\forall_{\text{Th}} = \frac{m(Z_{u\max} - Z_0 + \overline{H})Lf}{2g\alpha_{\min}(Z_{u\max} - Z_d)} \tag{5-59}$$

式中：$Z_{u\max}$ 为发电运行的最高水库水位，Z_0 为气室设计静态工况的室内水位，Z_d 为与 $Z_{u\max}$ 相对应的发电运行的最高尾水位，$\overline{H}$ 为当地大气压力，气体多变指数 m 取 1.4。

气垫式调压室的稳定气体体积可按 $\forall = K_V \forall_{\text{Th}}$ 计算，稳定气体体积安全系数 K_V 取 1.2～1.5。

应当指出：上述托马断面公式是基于带有一定近似性的假定得出的。推导过程中忽略了一些对稳定不利的因素，如水轮机效率、压力管道水流惯性等。同时，也忽略了一些有利于稳定的因素，如调速器实际过程、电力系统影响等。调压室水位波动稳定实质上是水轮机调速器调节所引起的。假定调速器能够刚性地保持水轮机出力为常数，这与机组的实际调节过程并不符合。由于机组的惯性以及水击压力的影响，当负荷变化时调速器的动作不可能瞬间及时完成，总有一个滞后的时间和完成的过程。研究表明：调速器参数对调压室和系统稳定性的影响较大，通过参数整定可以提高稳定性。现代水电站很少单独运行，一般都是并网运行，由系统中的各电站共同来稳定出力，可减小本机组流量变化的幅度。也就是说，参加系统运行有利于调压室水位波动稳定。因此，在一些情况下，即使断面小于托马断面，调压室小波动也能稳定。

从托马断面公式可以看出：若水电站水头不太低，托马断面相对说来不会太大，调压室断面采用略大于托马断面容易实现。对于低水头电站调压室要满足托马断面时，断面面积会很大，有时很不经济或者难以实现。此时，若要突破托马断面，即 $K < 1$，应充分考虑机组、调速器和电网等影响因素，对机组运行稳定性和调节品质进行分析、论证。实践表明：通过合理调整调速器参数，适当减小调压室断面是可行的。

四、大波动稳定

调压室大波动指水电站突然丢弃或增加负荷时，引起调压室水位较大振幅的波动。由于系统大波动的微分方程是非线性的，分析稳定性时不能线性化处理，因此，"托马假定"条件不能直接应用于大波动。非线性波动的稳定问题，目前，没有可供应用的理论解答。比较实用的方法：先按托马断面初定调压室断面面积。

调压室大波动稳定分析的有效方法是逐步积分法和数值法，易于考虑必要的因素条件，利用计算机进行分析是很方便的。将包括调压室在内的引水发电系统的基本方程、机组的调速方程联合求解计算，可同时得出调压室水位波动过程、压力管道水击压力变化过程和机组转速变化过程等。从分析调压室水位波动过程角度，不仅可检查波动是否稳定，而且可以看出波动的衰减或发散情况。

研究表明：若小波动的稳定性不能保证，则大波动必然不能衰减。为保证大波动稳定，初步分析时调压室断面应大于托马断面，然后应用数值计算方法论证、优化。

第五节　调压室数值计算

一、调压室数学模型

相对于调压室水位波动周期，水轮机导叶关闭时间较短。一般情况下，调压室涌波计算中可不计压力管道水击的影响，采取调压室单独计算，这种简化处理是允许的。实际上，引水系统中水击波和调压室波动是有机联系在一起的，特别是气垫式调压室必须考虑水击影响。目前，数值计算方法可以很方便地实现二者的联合计算，从而能综合考虑各种情况下的调压室水位波动、水击压力及机组暂态等问题，有利于研究复杂引水发电系统的水力过渡过程。

在压力管道水击联合计算时，调压室可以作为管路系统中的一个内边界。以下主要介绍三种调压室的数学模型，其他形式或结构的调压室，可以采用类似方法处理。

1. 阻抗式调压室

如图 5-6 所示，调压室上、下游管道分别用下标 1、2 表示，调压室水位 Z 的基准与测压管水头基准一致，向上为正(注意：与调压室基本方程中水位 z 的定义不同)。

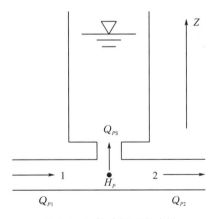

图 5-6　阻抗式调压室边界

忽略调压室内水体的惯性及摩擦阻力，可以列出：

$$Z = H_P - KQ_{PS}^2 \tag{5-60}$$

式中，H_P 为调压室和管道连接点的压头；Q_{PS} 为流入调压室的流量；K 为阻抗孔的阻抗系数。K 值可以通过阻抗孔流量系数 φ 换算，二者关系为 $K = \dfrac{1}{2g}\left(\dfrac{1}{\varphi S}\right)^2$，初步计算时 φ 可取 $0.6 \sim 0.8$，S 为阻抗孔断面面积。

调压室中水位与流量的关系为

$$F \frac{\mathrm{d}Z}{\mathrm{d}t} = Q_{PS} \tag{5-61}$$

调压室连续方程为

$$Q_{P1} = Q_{PS} + Q_{P2} \tag{5-62}$$

对调压室上、下游管道应用 C^+、C^- 方程，有

$$H_{P1} = C_{P1} - B_1 Q_{P1} \tag{5-63}$$

$$H_{P2} = C_{M2} + B_2 Q_{P2} \tag{5-64}$$

另外，有

$$H_P = H_{P1} = H_{P2} \tag{5-65}$$

联解上述方程式，可以求得调压室水位 Z 和流量 Q_{PS}，以及调压室和管道连接点的压头和流量。

也可以采用简化计算方法。在 Δt 时段内调压室水力参数变化较小，则式(5-60)和式(5-61)可近似表示为

$$Z \approx H_P - K Q_{PS} |Q_S| \tag{5-66}$$

$$Z \approx Z_0 + \frac{Q_{PS} + Q_S}{2F} \Delta t \tag{5-67}$$

式中，调压室初始流量 Q_S 取绝对值，可通用于流入、流出情况；对流入、流出条件，阻抗系数 K 应取不同值；Z_0 为调压室初始水位。由式(5-66)和式(5-67)，可求出：

$$Q_{PS} = \frac{H_P - Z_0 - \frac{\Delta t}{2F} Q_S}{\frac{\Delta t}{2F} + K |Q_S|} \tag{5-68}$$

结合关系式(5-65)，由式(5-63)和式(5-64)解出：$Q_{P1} = (C_{P1} - H_P)/B_1$ 和 $Q_{P2} = (H_P - C_{M2})/B_2$。上述关系式代入连续方程(5-62)，可以化解求出：

$$H_P = \frac{\dfrac{C_{P1}}{B_1} + \dfrac{C_{M2}}{B_2} + \dfrac{Z_0 + \dfrac{\Delta t}{2F} Q_S}{\dfrac{\Delta t}{2F} + K |Q_S|}}{\dfrac{1}{B_1} + \dfrac{1}{B_2} + \dfrac{1}{\dfrac{\Delta t}{2F} + K |Q_S|}} \tag{5-69}$$

也就是说，由已知的相关初始参数，能显式解出调压室和管道连接点的压头 H_P。其他参数可相应求解。

上述公式中，令阻抗系数 K 为零，即可用于求解简单式调压室。对水室式调压室需考虑在不同水位时调压室断面面积 F 的变化。对溢流式调压室当水位超过堰顶时，可按溢流堰流量公式计算溢流量。

2. 差动式调压室

两种差动式调压室的结构有差异，但计算的水力条件是相近的，可以把大井、升管合并为一个计算节点，采用相同的边界条件方程，如图5-7所示。

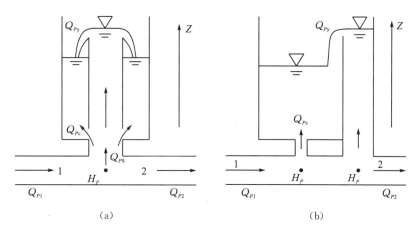

图 5-7　差动式调压室边界

调压室连续方程为

$$Q_{P1} = Q_{PS} + Q_{P2} \tag{5-70}$$

$$Q_{PS} = Q_{PR} + Q_{Pr} \tag{5-71}$$

$$Q_{PR} = Q_{Pc} + Q_{Py} \tag{5-72}$$

式中，Q_{PS} 为流入调压室的流量，包括流入大井的流量 Q_{PR} 和流入升管的流量 Q_{Pr}；流入大井的流量 Q_{PR} 又包括 Q_{Pc} 和 Q_{Py}，即分别从大井（升管）底部阻抗孔、升管顶部溢流堰流入大井的流量。

经大井（升管）底部阻抗孔通过的流量，可以采用孔口出流公式计算：

$$Q_{Pc} = \begin{cases} \varphi S \sqrt{2g(Z_r - Z_R)}, & Z_r \geqslant Z_R \\ -\varphi S \sqrt{2g(Z_R - Z_r)}, & Z_r < Z_R \end{cases} \tag{5-73}$$

式中，Z_R、Z_r 分别为大井、升管内的水位。

升管顶部溢流堰流量计算公式：

$$Q_{Py} = \begin{cases} 0, Z_r \leqslant Z_y, & Z_R \leqslant Z_y \\ k_{11} B_y \sqrt{2g}\,(Z_r - Z_y)^{1.5}, & Z_r > Z_y, Z_R < Z_y \\ -k_{21} B_y \sqrt{2g}\,(Z_R - Z_y)^{1.5}, & Z_R > Z_y, Z_r < Z_y \\ k_{12} B_y \sqrt{2g}\,(Z_r - Z_R)^{1.5}, & Z_r > Z_R > Z_y \\ -k_{22} B_y \sqrt{2g}\,(Z_R - Z_r)^{1.5}, & Z_R > Z_r > Z_y \end{cases} \tag{5-74}$$

式中，k_{11}、k_{21} 分别为由升管流入大井、大井流入升管时的非淹没溢流系数；k_{12}、k_{22} 分别为由升管流入大井、大井流入升管时的淹没溢流系数；B_y、Z_y 分别为升管顶部溢流堰的宽度（周长）和堰顶高。

忽略调压室内水体的惯性及摩擦阻力，且认为连接管很短，可忽略不计，即不考虑升管进口水头损失，可以列出：

$$Z_r = H_P \tag{5-75}$$

调压室中大井水位与流量的关系、升管与流量的关系分别为

$$F_R \frac{\mathrm{d}Z_R}{\mathrm{d}t} = Q_{PR} \tag{5-76}$$

$$F_{\mathrm{r}} \frac{\mathrm{d}Z_{\mathrm{r}}}{\mathrm{d}t} = Q_{Pr} \tag{5-77}$$

式中，F_{R}、F_{r} 分别为大井、升管的断面面积。

同理，对调压室上、下游管道应用 C^+、C^- 方程，考虑到 $H_P = H_{P1} = H_{P2}$，有

$$Q_{P1} = (C_{P1} - H_P)/B_1 \tag{5-78}$$

$$Q_{P2} = (H_P - C_{M2})/B_2 \tag{5-79}$$

上述式(5-70)～式(5-79)中，共有 10 个未知量：H_P、Q_{P1}、Q_{P2}、Q_{PS}、Q_{PR}、Q_{Pr}、Q_{Pc}、Q_{Py}、Z_{R}、Z_{r}。可以联立求解出差动式调压室的边界。

也可以对式(5-76)和式(5-77)用差分方程近似代替，即

$$Z_{\mathrm{R}} = Z_{\mathrm{R0}} + \frac{Q_{PR} + Q_{\mathrm{R}}}{2F_{\mathrm{R}}} \Delta t \tag{5-80}$$

$$Z_{\mathrm{r}} = Z_{\mathrm{r0}} + \frac{Q_{Pr} + Q_{\mathrm{r}}}{2F_{\mathrm{r}}} \Delta t \tag{5-81}$$

把式(5-71)、式(5-78)和式(5-79)代入式(5-70)，可以得出：

$$Z_{\mathrm{r}} = \left[\left(\frac{C_{P1}}{B_1} + \frac{C_{M2}}{B_2} \right) - (Q_{PR} + Q_{Pr}) \right] / \left(\frac{1}{B_1} + \frac{1}{B_2} \right) \tag{5-82}$$

可对上述式(5-72)～式(5-74)、式(5-80)～式(5-82)采用迭代法联解出 Q_{PR}、Q_{Pr}、Q_{Pc}、Q_{Py}、Z_{R}、Z_{r}。

3. 气垫式调压室

气垫式调压室的边界示意，如图 5-8 所示。

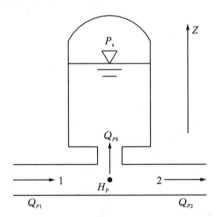

图 5-8　气垫式调压室的边界示意图

列出与阻抗式调压室相同的连续方程：

$$Q_{P1} = Q_{PS} + Q_{P2} \tag{5-83}$$

调压室中水位与流量的关系为

$$F \frac{\mathrm{d}Z}{\mathrm{d}t} = Q_{PS} \tag{5-84}$$

其上、下游管道的 C^+、C^- 方程为

$$Q_{P1} = (C_{P1} - H_P)/B_1 \tag{5-85}$$

$$Q_{P2} = (H_P - C_{M2})/B_2 \tag{5-86}$$

气垫式调压室内水面压力不再保持为大气压，随水位起落而变化。忽略调压室内水体、气体的惯性及摩擦阻力，有如下关系式：

$$Z + (P_\text{a} - \overline{H}) = H_P - KQ_{PS}|Q_{PS}| \tag{5-87}$$

式中，P_a 为气室内气体的绝对压力水头；$\overline{H}$ 为当地大气压力，标准大气压时约为 10.33m 水柱。

调压室气室内气体压力的变化，服从气体状态方程：

$$P_\text{a} = P_0 \left(\frac{\forall_0}{\forall_\text{a}}\right)^m \tag{5-88}$$

式中，P_0 为气室内气体的初始绝对压力水头；$\forall_0$、$\forall_\text{a}$ 分别为气室的初始、暂态容积；m 为气体多变指数，一般为 $1.0\sim1.4$，计算涌波水位极值时 m 取 1.0，计算气体压力极值时 m 取 1.4。

调压室水体及壁面按刚性考虑，气室容积与流入调压室流量 Q_{PS} 的关系为

$$-\frac{\text{d}\forall_\text{a}}{\text{d}t} = Q_{PS} \tag{5-89}$$

以上共有 7 个方程，未知量有 7 个：H_P、Q_{P1}、Q_{P2}、Q_{PS}、Z、P_a、$\forall_\text{a}$。可以联立求解。

同样，也可以将方程写成差分形式，采用数值计算方法求解。

$$Z = Z_0 + \frac{Q_{PS} + Q_\text{S}}{2F}\Delta t \tag{5-90}$$

$$\forall_\text{a} = \forall_0 - \frac{Q_{PS} + Q_\text{S}}{2}\Delta t \tag{5-91}$$

把式(5-85)和式(5-86)代入式(5-83)，可以化解出：

$$H_P = \left[\left(\frac{C_{P1}}{B_1} + \frac{C_{M2}}{B_2}\right) - Q_{PS}\right]\bigg/\left(\frac{1}{B_1} + \frac{1}{B_2}\right) \tag{5-92}$$

式(5-90)、式(5-92)代入式(5-87)，可以化解出：

$$P_\text{a} = \left[\left(\frac{C_{P1}}{B_1} + \frac{C_{M2}}{B_2}\right) - Q_{PS}\right]\bigg/\left(\frac{1}{B_1} + \frac{1}{B_2}\right) - KQ_{PS}|Q_{PS}| - \left(Z_0 + \frac{Q_{PS} + Q_\text{S}}{2F}\Delta t\right) + \overline{H} \tag{5-93}$$

把式(5-91)代入式(5-88)，再代入式(5-93)，可得出：

$$\left[\left(\frac{C_{P1}}{B_1} + \frac{C_{M2}}{B_2}\right) - Q_{PS}\right]\bigg/\left(\frac{1}{B_1} + \frac{1}{B_2}\right) - KQ_{PS}|Q_{PS}| - \left(Z_0 + \frac{Q_{PS} + Q_\text{S}}{2F}\Delta t\right) + \overline{H}$$

$$- P_0 \left(\frac{\forall_0}{\forall_0 - \dfrac{Q_{PS} + Q_\text{S}}{2}\Delta t}\right)^m = 0 \tag{5-94}$$

式(5-94)为仅包含变量 Q_{PS} 的非线性方程，可以调用求解非线性方程的程序计算。求出流入调压室的流量 Q_{PS} 后，其他未知数可相应求解。

二、调压室水力计算

调压室的基本尺寸是根据水力计算确定的，主要内容包括如下。

(1)确定调压室的最小断面面积，保证"引水道－调压室"系统波动的稳定性。

(2)调压室涌波计算，包括最高、最低涌波水位，确定调压室顶部高程，确定调压室底部和压力管道进口的高程等。

(3)针对各类调压室的特征结构，如阻抗式的阻抗孔，差动式的升管，水室式的上下水室，溢流式的溢流堰，气垫式的气室尺寸、气体参数等，根据计算优化选定。

调压室水力计算中引水系统的糙率是无法精确预测的，只能根据一般的经验确定一个变化范围，选择偏于安全的数值。除水力条件外，还应考虑到输配电的条件等，选择可能出现的最不利的情况作为计算工况，以策安全。具体计算工况可参照《水电站调压室设计规范》的有关规定。

第六章　水电站调压阀

调压室能较为可靠地解决长引水系统中的水力过渡过程问题，但调压室投资大、工期长，且受地形、地质条件限制，有时修建调压室的代价较大。一些中小型水电站有采用调压阀代替调压室的条件，如 $T_w \leqslant 12s$，能有效解决引水发电系统调保方面的问题。

第一节　调压阀的作用

调压阀的主要作用：在水轮机组甩负荷时，限制长引水管道中的水击压力升高值。当机组甩负荷后，在导叶快速关闭的同时调压阀自动开启，使来自上游压力管道中的部分流量从调压阀泄掉。这样，尽管通过水轮机的流量迅速减小，但引水管道内的流量变化却大大减缓，从而降低了水击压力升高值。同时，由于导叶仍是快速关闭，机组转速上升率可以限制在允许范围内。在导叶关闭完成后，调压阀再缓慢关闭。

调压阀一般安装在水轮机蜗壳进口附近的压力钢管或蜗壳上，泄水管接入尾水管或下游河道，如图 6-1 所示。机组正常运行时调压阀是关闭的，仅在机组甩负荷或紧急停机时动作，具有节省水量、控制简单等优点。调压阀是水电站长引水系统中的一个重要安全设备，因此要求工作的可靠性高。调压阀多数采用机械液压控制系统，利用调压阀动作时排出的压力油来推动导叶快速关闭，若调压阀不动作则导叶不会快速关闭，但将会导致机组转速升高超过规定值。

设置调压阀能减少压力上升值，但不能改善调节系统的稳定性。由于此类水电站的水流惯性时间常数均较大，不是在任何情况下都可用它来代替调压室的。根据水电站的实际情况及其在电力系统中的地位，对引水发电系统小波动时的调节稳定问题应充分注意。

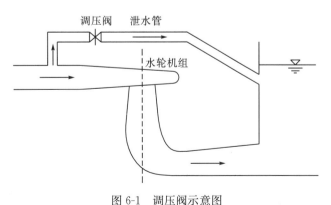

图 6-1　调压阀示意图

第二节　调压阀水力计算

一、调压阀参数选择

调压阀参数选择：在已知机组转速上升和引水管道压力上升允许值的条件下，确定调压阀的直径 D_x 和行程 Y_x。

假设水轮机与调压阀的流量均为线性变化，且两者相互匹配很好，则引水管道内的流量也按线性变化。导叶按一段直线关闭时，二者流量关系如图 6-2 所示。图中：1、2 分别表示导叶按快速、缓慢关闭规律时水轮机过流量，3 表示调压阀流量。

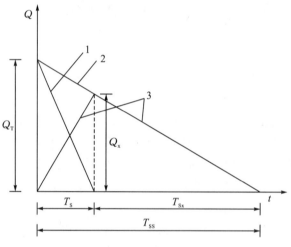

图 6-2　水轮机与调压阀的流量关系

若按转速升高不超过允许值的要求，导叶快速关闭的时间为 T_S，调压阀开启时间也相应为 T_S；按照水击压力升高不超过允许值的要求，导叶缓慢关闭的时间为 T_{SS}，则调压阀开启后再缓慢关闭的时间 T_{Sx} 为

$$T_{Sx} = T_{SS} - T_S \tag{6-1}$$

容易看出，调压阀所需通过的最大流量为

$$Q_x = Q_T \frac{T_{SS} - T_S}{T_{SS}} \tag{6-2}$$

式中，Q_T 为水轮机的最大引用流量；导叶快速、缓慢关闭时间 T_S 和 T_{SS}，可以根据调保计算估算。

根据调压阀的流量特性，可以计算确定调压阀的直径 D_x，如下式：

$$D_x = \sqrt{\frac{Q_x}{Q_{11x} \sqrt{H_0(1+\xi)}}} \tag{6-3}$$

式中，Q_{11x} 为调压阀单位流量，单位为 L/s，按所选取的 Y_x/D_x 值在调压阀特性曲线上查出；H_0 为静水头；ξ 为压力上升允许值，一般取 15%～20%。

调压阀的最大行程：

$$Y_x = (0.25 \sim 0.30)D_x \tag{6-4}$$

TFW 型调压阀的最大行程，取 0.25。

求得调压阀的直径 D_x 和行程 Y_x 后，可在已有产品目录中选择调压阀，或将此值作为设计调压阀的特征参数。

二、调压阀边界方程

上述过程为调压阀参数的初步选择。为研究引水发电系统中调压阀的水力过渡过程，需对其建立数学模型，开展进一步的数值计算。

调压阀可以作为泄水管上的内边界，建立边界方程，如图 6-3(a) 所示，其中，调压阀上、下游管道分别用下标 1、2 表示。

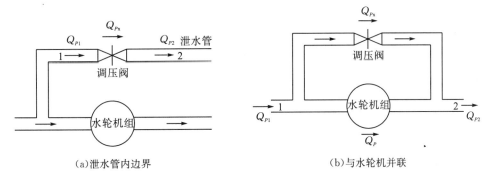

(a)泄水管内边界　　　　　　　(b)与水轮机并联

图 6-3　调压阀边界示意图

调压阀水头可以表示为 $H_x = H_{P1} - H_{P2}$。调压阀过流量 Q_{Px} 的计算方法与水轮机类似，用单位流量 Q_{11x} 表达，即

$$Q_{Px} = D_x^2 \sqrt{H_x} Q_{11x} \tag{6-5}$$

引入调压阀上、下游管道的 C^+、C^- 方程 $H_{P1} = C_{P1} - B_1 Q_{P1}$ 和 $H_{P2} = C_{M2} + B_2 Q_{P2}$，以及关系式 $Q_{P1} = Q_{P2} = Q_{Px}$，代入水头 H_x 可得

$$Q_{Px} = Q_{11x} D_x^2 \sqrt{C_{P1} - B_1 Q_{Px} - (C_{M2} + B_2 Q_{Px})} \tag{6-6}$$

从而解出

$$Q_{Px} = -C_x B + \sqrt{C_x^2 B^2 + 2C_x(C_{P1} - C_{M2})} \tag{6-7}$$

式中，$C_x = (Q_{11x} D_x^2)^2 / 2$；$B = B_1 + B_2$。

解出调压阀流量 Q_{Px} 后，即可解出其暂态水头 H_x，以及上、下游管道的压头 H_{P1} 和 H_{P2}。

另外，考虑到调压阀通常安装在水轮机蜗壳进口附近，因此，也可以与水轮机一起建立并联的边界条件，如图 6-3(b) 所示。忽略泄水管，近似认为调压阀水头 H_x 与水轮机水头 H 相等，即

$$H_x = H = H_{P1} + \frac{Q_{P1}^2}{2gA_1^2} - \left(H_{P2} + \frac{Q_{P2}^2}{2gA_2^2}\right) \tag{6-8}$$

有如下流量关系：

$$Q_{P1} = Q_{P2} = Q_P + Q_{Px} \qquad (6\text{-}9)$$

水轮机流量 $Q_P = D_1^2\sqrt{H}Q_{11}$，因此

$$Q_{P1} = Q_{P2} = (Q_{11}D_1^2 + Q_{11x}D_x^2)\sqrt{H} \qquad (6\text{-}10)$$

参考水轮机水头平衡方程，可以导出类似的计算公式

$$Q_{P1} = Q_{P2} = \left[-C_{Vx}B + \sqrt{C_{Vx}^2B^2 + 2C_{Vx}\beta(C_{P1} - C_{M2})}\right]/\beta \qquad (6\text{-}11)$$

式中，$C_{Vx} = (Q_{11}D_1^2 + Q_{11x}D_x^2)^2/2$，$B = B_1 + B_2$，$\beta = 1 - 2C_{Vx}(\beta_1 - \beta_2)$，$\beta_1 = 1/(2gA_1^2)$，$\beta_2 = 1/(2gA_2^2)$。

解出上下游管道的过流量 Q_{P1}、Q_{P2} 及压头后，即可解出调压阀、水轮机的水头，然后得出各自的过流量。因此，该方法可以同时求解水轮机和调压阀的暂态参数。

第三节　调压阀流量特性

上述计算过程中，需要已知调压阀的暂态单位流量 Q_{11x}，即 Q_{11x} 与行程 Y_x 的关系曲线或数据表。调压阀的流量特性，一般由制造厂家根据模型试验提供。

在缺少调压阀数据时，可参考《水电站机电设计手册——水力机械》中的资料。图 6-4 为 TFW 型调压阀（圆形阀盘）的单位流量曲线，表 6-1 为相应的数据表。在暂态计算过程中，可以由调压阀设定的启闭规律，根据相对行程 Y_x/D_x，插值获得相应的单位流量值。

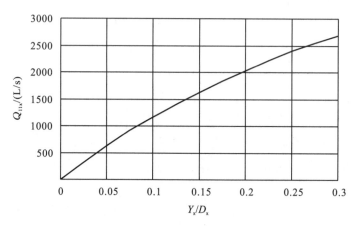

图 6-4　TFW 型调压阀（圆形阀盘）的单位流量曲线

表 6-1　调压阀单位流量数据表

调压阀行程/直径(Y_x/D_x)	0.0	0.05	0.1	0.15	0.2	0.25	0.3
单位流量 Q_{11x}/(L/s)	0	630	1170	1620	2030	2400	2690

第七章　水泵系统水力过渡过程

管路系统中常用水泵给液体加压，实现提升或输送液体的目的。由水泵、管道、阀门等设备组成的水力系统，也存在水力过渡过程问题。水泵系统水力过渡过程分析与控制关系运行的安全可靠，是系统设计的重要工作。

水泵系统的暂态过程多与水泵的启动、停运等有关，因此，需要研究水泵的各类工况及特征。特别是事故停泵过程，如突然断电停泵等，是有可能发生的危险工况，有必要论证暂态问题，并采取合适的防护措施。

第一节　水泵运行特征

一、水泵运行工况

除恒定运行的正常工况外，水泵过渡过程涉及的工况主要如下。

1. 水泵启动

水泵启动时为减小电动机的启动负荷，通常把水泵出口阀门保持在关闭状态，当转速达到额定转速后，才逐渐开启出口阀门。另外，也有采用在水泵启动加速时开启出口阀门的方式。在开阀过程中水泵流量逐渐增大，将引起管路系统的压力波动，到达运行工况点后逐渐稳定。水泵启动时转速从零加速到额定转速以及开阀过程，流量、扬程等参数是变化的，边界条件需要按水泵全特性曲线模拟。

2. 水泵正常停运

水泵正常停运一般采取先缓慢关闭出口阀门，然后再关停水泵电动机。按这种方式关停，水泵转速基本保持不变，在关阀过程中流量逐渐减小。

另外，对于并联或串联运行的水泵管路系统，部分水泵启动或停运时，正常运行的水泵会受到水力干扰，特征参数也将处于过渡过程。总的来说，由水泵正常开、停以及水力干扰引起的过渡过程，水力参数的变化一般较为平缓。

3. 水泵事故停运

水泵事故停运，如突然断电停泵等，是水泵运行中的危险工况，引起的水力过渡过程是严重的。

(1)在水泵系统主要为克服重力,将液体从低处向高处提升的情况下。水泵突然事故停运时,管路将会发生液体倒流现象。如果水泵出口没有安装止回阀(逆止阀),倒流的液体会使水泵到达飞逸反转,严重时破坏水泵结构。如果水泵出口有阀门,在发生倒流时关闭不合理,如关闭太快,又有可能产生较大的水击压力。另外,若出水管布置较高,水泵停运后,管路还有可能发生负压,甚至出现液柱分离再弥合的危险。

(2)在水泵系统主要为克服沿程阻力,将液体远距离输送的情况下。水泵突然事故停运后,由于惯性作用水泵流量并不会很快减小,吸水管内有可能产生较大的压力升高。输水管线起伏较大时,管道局部高点有可能产生负压、液柱分离,从而引起管路的破坏。

水泵事故停运工况,通常是泵站和管道设计的控制工况。对于这类水力过渡过程,水泵特征参数变化较为剧烈,必须考虑水泵全特性,并按水泵边界条件进行计算分析。因此,水泵事故停运工况是研究的主要内容和重点。

二、水泵特性参数

水泵的工作参数包括流量 Q、扬程 H、功率 P、效率 η、转速 n 和允许吸上真空高度(或临界气蚀余量)等。

功率 P 是指动力机通过转轴传给水泵叶轮轴上的轴功率,是水泵所需要的外加功率。水泵在运转过程中不可避免地有各种损失,效率 η 为标志水泵传递能量的有效程度。水泵轴功率的计算式为

$$P = \frac{\rho g Q H}{1000 \eta} \tag{7-1}$$

式中,ρ 为液流密度;流量 Q、扬程 H 单位分别为 $\mathrm{m^3/s}$、m;功率 P 单位为 kW。

水泵轴转矩(力矩)的计算式为 $T = P/\omega$,其中 $\omega = \pi n/30$,可以得出:

$$T = \frac{30 \rho g Q H}{\pi n \eta} \tag{7-2}$$

式中,转矩 T 的单位为 $\mathrm{N \cdot m}$;转速 n 单位为 $\mathrm{r/min}$。

水泵的流量取决于扬程和转速,而转速的变化又取决于转矩及水泵机组(包括水泵和电动机)的转动惯量。因此,分析水泵过渡过程时,表征水泵运行的四个特性参数为扬程 H、流量 Q、转矩 T 和转速 n。

为方便处理,以特性参数的额定值作为基准,采用无量纲形式表示:

$$\begin{cases} h = H/H_R \\ \upsilon = Q/Q_R \\ \alpha = n/n_R \\ \beta = T/T_R \end{cases} \tag{7-3}$$

式中,下标 R 表示额定值;h、υ、α、β 分别为水泵扬程、流量、转速和转矩的无量纲值。

另外,对水泵进行比较和分类的综合指标,称为比转速 n_s,我国定义的公式为

$$n_s = 3.65 \frac{n_R \sqrt{Q_R}}{H_R^{\frac{3}{4}}} \tag{7-4}$$

注意：公式中 Q_R、H_R 是指一个叶轮的额定流量、额定扬程，双吸泵时总流量要除以 2，多级泵时总扬程要除以级数。

三、水泵四象限工况区

当水泵正常运行时转速、流量、扬程和转矩均为正值，即水泵正转、抽水，出水侧压力大于吸水侧压力，水泵由电动机带动运转（泵轴输入动力矩）。一般水泵性能曲线是指正常运行条件下的性能曲线。在水泵发生过渡过程时，其特征参数中的一个或几个有可能出现方向相反的情况，用负值表示。根据水泵的四象限工况区，可以描述水泵运行的全特性。

以无量纲转速 α、无量纲流量 υ 分别为纵、横坐标轴，并在 $\alpha\text{-}\upsilon$ 平面上绘制零扬程（$h=0$）线和零转矩（$\beta=0$）线，可以把水泵运行分成四象限、八个工况区，如图 7-1 所示。

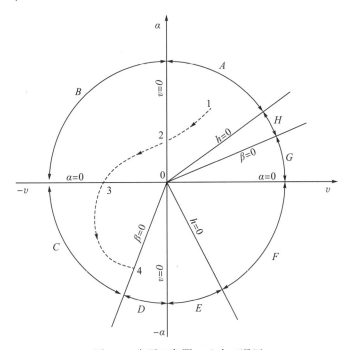

图 7-1　水泵四象限、八个工况区

1. 正转水泵工况：A 区

为水泵正常抽水工况区，水泵的四个参数 h、υ、α、β 都为正值。在第一象限中零扬程线 $h=0$ 与 $+\alpha$ 轴之间的区域。描述水泵在不同转速下的流量、扬程、转矩特性，包括零扬程和零流量。

2. 正转逆流制动工况：B 区

在第二象限中，水泵参数 $\alpha>0$、$\upsilon<0$、$h>0$、$\beta>0$。水泵正向旋转、倒流，出水侧压力高于吸水侧压力，水泵的转矩为正值。水泵从电动机吸收功率（$+T$）（$+n$）$\pi/30>$

0，水泵输出功率 $\rho g(-Q)(+H)<0$，即水泵从水中吸取能量。这部分吸收的能量抵消一部分由电动机传递给水泵的能量，因此，水泵像制动器那样转动。

在事故停泵的水力过渡过程中，水流在流速降至零之后，在静压水头作用下开始倒流，水泵的转速继续降低，直到为零，这时电动机的输出功率为零。

3. 正转水轮机工况：C 区

为水轮机正常工作区，在第三象限中 $-v$ 轴与零转矩线 $\beta=0$ 之间的区域，参数 $\alpha<0$、$v<0$、$h>0$、$\beta>0$。水泵从水流中吸收功率 $\rho g(-Q)(+H)<0$，然后向电动机输出功率 $(+T)(-n)\pi/30>0$，因此，水泵像水轮机一样运行。

在零转矩线 $\beta=0$ 时，水泵传给电动机的功率为零(因电动机的阻力矩为零)，水泵在恒定水头下高速反转，对应的最大反向转速为飞逸转速。

在事故停泵的水力过渡过程中，水泵从正转速降至零以后，在倒泄水流作用下开始反转，直到转速达到飞逸转速的瞬变过程，其工作点均在水轮机工况区。

4. 倒转递流制动工况：D 区

在第三象限中零转矩线 $\beta=0$ 与 $-\alpha$ 轴之间的区域，参数 $\alpha<0$、$v<0$、$h>0$、$\beta<0$。水泵反转，水流由出水侧流向吸水侧，出水侧的压力高于吸水侧的压力。水泵从水流中吸收功率 $\rho g(-Q)(+H)<0$，即水流通过水泵后能量减少。水泵从电动机吸收功率 $(-T)(-n)\pi/30>0$。这时电动机给水泵一反向转矩，使之加速倒转，因此，水泵传给水的能量增大(即离心力增大)、阻止水流倒泄，使得水流传递给水泵的能量越来越小，最后变为零(即 $v=0$)。

5. 反转水泵工况：E 区

对于离心泵：在第四象限中 $-\alpha$ 轴与零扬程线 $h=0$ 之间的区域。水泵的转速、转矩均为负值，水泵由电动机拖动反转，但仍呈现出水泵的工作特性。水泵由电动机输入的功率为 $(-T)(-n)\pi/30>0$，产生正的扬程和流量，输出给水流的功率为 $\rho g(+Q)(+H)>0$。

与离心泵不同，混流泵、轴流泵的零扬程线 $h=0$ 位于第三象限，其反转水泵工况也位于第三象限中零扬程线 $h=0$ 与 $-\alpha$ 轴之间的区域。水泵由电动机输入的功率为 $(-T)(-n)\pi/30>0$，但产生负的扬程和流量，即输出给水流的功率为 $\rho g(-Q)(-H)>0$。

6. 倒转正流制动工况：F 区

在第四象限中零扬程线 $h=0$ 与 $+v$ 轴之间的区域，参数 $\alpha<0$、$v>0$、$h<0$、$\beta<0$。水泵反转，水流由吸水侧流向出水侧，吸水侧的压力高于出水侧压力。水泵从电动机吸入功率 $(-T)(-n)\pi/30>0$，水对水泵做功 $\rho g(+Q)(-H)<0$。电动机对水泵所做的功被正流的水体所损耗，水泵像制动器那样转动，没有做任何有效功。

7. 倒转水轮机工况：G 区

在第一象限中 $+v$ 轴与零转矩线 $\beta=0$ 之间的区域，参数 $\alpha>0$、$v>0$、$h<0$、$\beta<0$。水泵正转，水流由吸水侧流向出水侧，但吸水侧的压力高于出水侧。水流通过水泵后能量减少，即水流对水泵做功 $\rho g(+Q)(-H)<0$。水泵向电动机输出功率 $(-T)(+n)\pi/30>0$，如同倒转的水轮机，将水流的能量转换成机械能。

当水泵串联工作时，其中一台水泵事故停运，另一台水泵继续工作，事故泵将在工作泵正向水流的冲击下继续正向旋转，其工作点将位于 G 区零转矩线 $\beta=0$ 上。

8. 正转正流制动耗能工况：H 区

在第一象限中零转矩线 $\beta=0$ 与零扬程线 $h=0$ 之间的区域，参数 $\alpha>0$、$v>0$、$h<0$、$\beta>0$。水泵正向旋转，水流由吸水侧流向出水侧，吸水侧的压力高于出水侧的压力，水泵转矩为正。水泵从电动机吸收功率 $(+T)(+n)\pi/30>0$，水流对水泵做功 $\rho g(+Q)(-H)<0$。电动机输入水泵的功率被正流水体所耗损。

水泵机组在运行中发生事故停运，水泵出口无止回阀或阀门拒动时，一般水泵将经由水泵工况区、正转逆流制动工况区到正转水轮机工况区，最后停留在零转矩线上，以飞逸转速运行。在此过渡过程中，水泵工作点轨迹如图 7-1 中的 1234 曲线所示。计算事故停泵水力过渡过程，至少需要包括上述工况区的水泵全特性曲线数据。

第二节　水泵无量纲全特性曲线

一、水泵相似关系

水泵四个特性参数扬程 H、流量 Q、转矩 T 和转速 n，只有两个是独立的。也就是说，对于给定的 Q 和 n，变量 H 和 T 可由水泵特性确定。在分析水泵水力过渡过程中，作如下假定：

(1)稳定状态下得出的特性曲线也适用于过渡过程状态。

(2)在过渡过程中水泵相似关系仍然成立。

基于以上两条假设，可以推导出水泵全特性曲线的理论方程，并得到无量纲相似全特性曲线。

根据水力机械相似原理，水泵满足相似条件时，流量相似定律为

$$\frac{Q_1}{n_1 D_1^3}=\frac{Q_2}{n_2 D_2^3} \tag{7-5}$$

式中，D 为水泵叶轮直径；下标 1 和 2 表示两台尺寸不同的相似水泵。

扬程相似定律为

$$\frac{H_1}{n_1^2 D_1^2}=\frac{H_2}{n_2^2 D_2^2} \tag{7-6}$$

功率相似定律为

$$\frac{P_1}{n_1^3 D_1^5} = \frac{P_2}{n_2^3 D_2^5} \tag{7-7}$$

由水泵转矩 $T = P/\omega = 30P/(\pi n)$，代入式(7-7)可得

$$\frac{T_1}{n_1^2 D_1^5} = \frac{T_2}{n_2^2 D_2^5} \tag{7-8}$$

若讨论同一台水泵在不同工况，水泵叶轮直径为固定值，这时有

$$\begin{cases} \dfrac{Q_1}{n_1} = \dfrac{Q_2}{n_2} \\[2mm] \dfrac{H_1}{n_1^2} = \dfrac{H_2}{n_2^2} \\[2mm] \dfrac{T_1}{n_1^2} = \dfrac{T_2}{n_2^2} \end{cases} \tag{7-9}$$

注意：式中用下标 1 和 2 表示同一台水泵的两个工况，与上述相似定律公式中的意义不同。采用无量纲形式表示，则有

$$\begin{cases} \dfrac{\upsilon_1}{\alpha_1} = \dfrac{\upsilon_2}{\alpha_2} \\[2mm] \dfrac{h_1}{\alpha_1^2} = \dfrac{h_2}{\alpha_2^2} \\[2mm] \dfrac{\beta_1}{\alpha_1^2} = \dfrac{\beta_2}{\alpha_2^2} \end{cases} \tag{7-10}$$

二、Suter 无量纲全特性曲线

根据上述相似关系，若分别以 h/α^2、υ/α 为纵坐标、横坐标绘出水泵的特性曲线，该曲线就表示在任何转速下的扬程和流量的关系。类似地，在 β/α^2、υ/α 坐标系内绘出的曲线表示在不同转速下转矩和流量的关系。但是，在过渡过程中水泵转速会由正转变化为反转，即 α 会从正值经过零变为负值，存在分母为零的问题，这将导致数值计算无法进行。

为避免上述情况发生，瑞士学者苏特尔（Suter）等提出，改用 $h/(\alpha^2+\upsilon^2)$、$\beta/(\alpha^2+\upsilon^2)$ 分别代替 h/α^2 和 β/α^2。同样为避免当 $\alpha=0$ 时，υ/α 为无穷大，引入一个新变量 θ：

$$\theta = \arctan\frac{\upsilon}{\alpha} \tag{7-11}$$

对于给定的 υ/α，可以从 h/α^2、υ/α 坐标图上得到 $h/(\alpha^2+\upsilon^2)$，从 β/α^2、υ/α 坐标图上得到 $\beta/(\alpha^2+\upsilon^2)$，因此，这样变换后仍然能够保持水泵的相似关系。水泵全部工况区的数据，可按如下关系式换算：

$$\begin{cases} x = \pi + \arctan\dfrac{\upsilon}{\alpha} \\[3mm] \mathrm{WH}(x) = \dfrac{h}{\alpha^2 + \upsilon^2} \\[3mm] \mathrm{WB}(x) = \dfrac{\beta}{\alpha^2 + \upsilon^2} \end{cases} \tag{7-12}$$

式中，x 从 0 变化到 2π。

以 x 为横坐标，WH、WB 分别为纵坐标，可绘出两条连续的曲线来代表水泵的全特性，如图 7-2 所示。WH(x)、WB(x) 曲线称为水泵的无量纲全特性曲线。曲线图均匀地分为 4 个区，其中，$0\sim\pi/2$ 区域为水轮机工况区，$\pi/2\sim\pi$ 区域为制动工况区，$\pi\sim3\pi/2$ 区域为水泵工况区，$3\pi/2\sim2\pi$ 区域为倒转制动工况区。WH(x)、WB(x) 曲线具有如下特点。

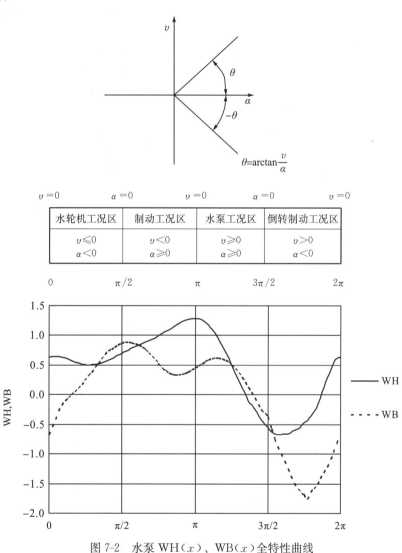

图 7-2　水泵 WH(x)、WB(x) 全特性曲线

（1）除了水泵完全停止运行外，α 和 υ 不可能同时为零，因此，在任何运行工况点 WH、WB 均为有界值。这对于数值计算是十分方便的，也是苏特尔变换的一个显著优点。

（2）WH(x)、WB(x) 水泵全特性曲线，既保持了水泵各种不同运行工况的相似准则，又可在直角坐标系上用两条连续的曲线来表示全部运行区域的特性，使水泵全特性的表达方式大为简化。

（3）在水泵的额定工作点其无量纲扬程 h、无量纲流量 υ、无量纲转速 α、无量纲转矩 β 均为 1，对应有 $x=1.25\pi$，WH、WB 均等于 0.5。

（4）所选用表示全特性参量的自变量 x 的物理意义明确，对于水泵的各种不同运行工况，可在曲线中找出其对应的曲线段，从而便于对水力过渡过程计算进行检查。

为便于输入计算机存储进行插值计算，可以在 $0\sim2\pi$ 范围内将 x 进行等分。例如，每增加 $\Delta x=\pi/44$，分别求得各等分点所对应的 WH、WB 值，每组共有 89 个数据点，然后用数据表的形式存入计算机。

在很多情况下，制造厂家提供不出水泵的全特性曲线，因为这些试验的费用是相当昂贵的。一般来说，对于比转速 n_s 相同的水泵，其全特性曲线趋于同样的形状。由于水泵比转速范围很宽，全特性试验又很复杂，故无法对每种水泵进行试验。因此，如果对于某一 n_s 的水泵，在没有已知的全特性曲线数据时，只能借用其他比转速水泵的数据进行插值求取。当然这种方法有一定近似性，但是一般情况下用这些资料计算分析水泵过渡过程的结果还是合理的，也已得到实践的验证。

根据 Hollander 试验资料，表 7-1 中列出比转速 n_s 分别为 91.25、536.55 和 952.65 时的 WH、WB 数据。图 7-3 中分别绘出了各比转速下的 WH(x)、WB(x) 全特性曲线，可以看出，水泵全特性随比转速的变化而逐渐变化。因此，在缺乏水泵全特性资料时，任意比转速下的全特性，可依据上述数据表推求。

表 7-1　水泵 WH(x)、WB(x) 全特性数据表

位置编号 I	$x=\pi+\arctan\dfrac{\upsilon}{\alpha}$ $\Delta x=\pi/44$	$n_s=91.25$		$n_s=536.55$		$n_s=952.65$	
		WH	WB	WH	WB	WH	WB
1	0.0000	0.634	−0.684	−0.690	−1.420	−2.230	−2.260
2	0.0714	0.643	−0.547	−0.599	−1.328	−2.000	−2.061
3	0.1428	0.646	−0.414	−0.512	−1.211	−1.662	−1.772
4	0.2142	0.640	−0.292	−0.418	−1.056	−1.314	−1.465
5	0.2856	0.629	−0.187	−0.304	−0.870	−1.089	−1.253
6	0.3570	0.613	−0.105	−0.181	−0.677	−0.914	−1.088
7	0.4284	0.595	−0.053	−0.078	−0.573	−0.750	−0.921
8	0.4998	0.575	−0.012	−0.011	−0.518	−0.601	−0.789
9	0.5712	0.552	0.042	0.032	−0.380	−0.440	−0.632
10	0.6426	0.533	0.097	0.074	−0.232	−0.284	−0.457
11	0.7140	0.516	0.156	0.130	−0.160	−0.130	−0.300
12	0.7854	0.505	0.227	0.190	0.000	0.055	−0.075
13	0.8568	0.504	0.300	0.265	0.118	0.222	0.052
14	0.9282	0.510	0.371	0.363	0.308	0.357	0.234
15	0.9996	0.512	0.444	0.461	0.442	0.493	0.425
16	1.0710	0.522	0.522	0.553	0.574	0.616	0.558
17	1.1424	0.539	0.596	0.674	0.739	0.675	0.630

续表

位置编号 I	$x = \pi + \arctan \dfrac{\upsilon}{\alpha}$ $\Delta x = \pi/44$	$n_s = 91.25$		$n_s = 536.55$		$n_s = 952.65$	
		WH	WB	WH	WB	WH	WB
18	1.2138	0.559	0.672	0.848	0.929	0.680	0.621
19	1.2852	0.580	0.738	1.075	1.147	0.691	0.546
20	1.3566	0.601	0.763	1.337	1.370	0.752	0.525
21	1.4280	0.630	0.797	1.629	1.599	0.825	0.488
22	1.4994	0.662	0.837	1.929	1.839	0.930	0.512
23	1.5708	0.692	0.865	2.180	2.080	1.080	0.660
24	1.6422	0.722	0.883	2.334	2.300	1.236	0.850
25	1.7136	0.753	0.886	2.518	2.480	1.389	1.014
26	1.7850	0.782	0.877	2.726	2.630	1.548	1.162
27	1.8564	0.808	0.859	2.863	2.724	1.727	1.334
28	1.9278	0.832	0.838	2.948	2.687	1.919	1.512
29	1.9992	0.857	0.804	3.026	2.715	2.066	1.683
30	2.0706	0.879	0.758	3.015	2.688	2.252	1.886
31	2.1420	0.904	0.703	2.927	2.555	2.490	2.105
32	2.2134	0.930	0.645	2.873	2.434	2.727	2.325
33	2.2848	0.959	0.583	2.771	2.288	3.002	2.580
34	2.3562	0.996	0.520	2.640	2.110	3.225	2.770
35	2.4276	1.027	0.454	2.497	1.948	3.355	2.886
36	2.4990	1.060	0.408	2.441	1.825	3.475	2.959
37	2.5704	1.090	0.370	2.378	1.732	3.562	2.979
38	2.6418	1.124	0.343	2.336	1.644	3.604	2.962
39	2.7132	1.165	0.331	2.288	1.576	3.582	2.877
40	2.7846	1.204	0.329	2.209	1.533	3.540	2.713
41	2.8560	1.238	0.338	2.162	1.522	3.477	2.556
42	2.9274	1.258	0.354	2.140	1.519	3.321	2.403
43	2.9988	1.271	0.372	2.109	1.523	3.148	2.237
44	3.0702	1.282	0.405	2.054	1.523	2.962	2.080
45	3.1416	1.288	0.450	1.970	1.490	2.750	1.950
46	3.2130	1.281	0.486	1.860	1.386	2.542	1.826
47	3.2844	1.260	0.520	1.735	1.223	2.354	1.681
48	3.3558	1.225	0.552	1.571	1.048	2.149	1.503
49	3.4272	1.172	0.579	1.357	0.909	1.909	1.301
50	3.4986	1.107	0.603	1.157	0.814	1.702	1.115
51	3.5700	1.031	0.616	1.016	0.766	1.506	0.960

位置编号 I	$x = \pi + \arctan\dfrac{\upsilon}{\alpha}$ $\Delta x = \pi/44$	$n_s = 91.25$		$n_s = 536.55$		$n_s = 952.65$	
		WH	WB	WH	WB	WH	WB
52	3.6414	0.942	0.617	0.927	0.734	1.310	0.840
53	3.7128	0.842	0.606	0.846	0.678	1.131	0.750
54	3.7842	0.733	0.582	0.744	0.624	0.947	0.677
55	3.8556	0.617	0.546	0.640	0.570	0.737	0.504
56	3.9270	0.500	0.500	0.500	0.500	0.500	0.500
57	3.9984	0.368	0.432	0.374	0.407	0.279	0.352
58	4.0698	0.240	0.360	0.191	0.278	0.082	0.161
59	4.1412	0.125	0.288	0.001	0.146	−0.112	−0.040
60	4.2126	0.011	0.214	−0.190	0.023	−0.300	−0.225
61	4.2840	−0.102	0.123	−0.384	−0.175	−0.505	−0.403
62	4.3554	−0.168	0.037	−0.585	−0.379	−0.672	−0.545
63	4.4268	−0.255	−0.053	−0.786	−0.585	−0.797	−0.610
64	4.4982	−0.342	−0.161	−0.972	−0.778	−0.872	−0.662
65	4.5696	−0.423	−0.248	−1.185	−1.008	−0.920	−0.699
66	4.6410	−0.494	−0.314	−1.372	−1.277	−0.949	−0.719
67	4.7124	−0.556	−0.372	−1.500	−1.560	−0.960	−0.730
68	4.7838	−0.620	−0.580	−1.940	−2.070	−1.080	−0.810
69	4.8552	−0.655	−0.740	−2.160	−2.480	−1.300	−1.070
70	4.9266	−0.670	−0.880	−2.290	−2.700	−1.500	−1.360
71	4.9980	−0.670	−1.000	−2.360	−2.770	−1.700	−1.640
72	5.0694	−0.660	−1.120	−2.350	−2.800	−1.890	−1.880
73	5.1408	−0.655	−1.250	−2.230	−2.800	−2.080	−2.080
74	5.2122	−0.640	−1.370	−2.200	−2.760	−2.270	−2.270
75	5.2836	−0.600	−1.490	−2.130	−2.710	−2.470	−2.470
76	5.3550	−0.570	−1.590	−2.050	−2.640	−2.650	−2.650
77	5.4264	−0.520	−1.660	−1.970	−2.540	−2.810	−2.810
78	5.4978	−0.470	−1.690	−1.895	−2.440	−2.950	−2.950
79	5.5692	−0.430	−1.770	−1.810	−2.340	−3.040	−3.040
80	5.6406	−0.360	−1.650	−1.730	−2.240	−3.100	−3.100
81	5.7120	−0.275	−1.590	−1.600	−2.120	−3.150	−3.150
82	5.7834	−0.160	−1.520	−1.420	−2.000	−3.170	−3.170
83	5.8548	−0.040	−1.420	−1.130	−1.940	−3.170	−3.200
84	5.9262	0.130	−1.320	−0.950	−1.900	−3.130	−3.160
85	5.9976	0.295	−1.230	−0.930	−1.900	−3.070	−3.090

位置编号 I	$x = \pi + \arctan\dfrac{\upsilon}{\alpha}$ $\Delta x = \pi/44$	n_s=91.25		n_s=536.55		n_s=952.65	
		WH	WB	WH	WB	WH	WB
86	6.0690	0.430	−1.100	−0.950	−1.850	−2.960	−2.990
87	6.1404	0.550	−0.980	−1.000	−1.750	−2.820	−2.860
88	6.2118	0.620	−0.820	−0.920	−1.630	−2.590	−2.660
89	6.2832	0.634	−0.684	−0.690	−1.420	−2.230	−2.260

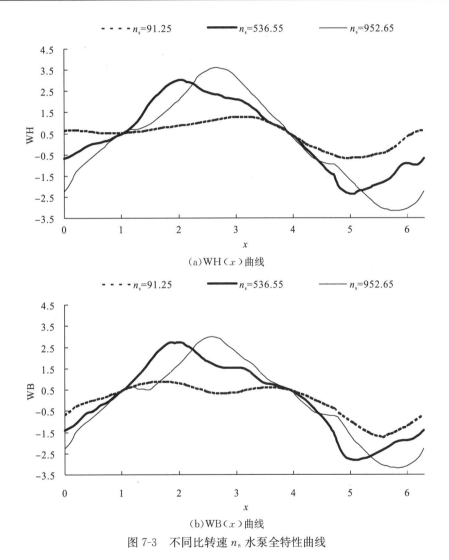

(a) WH(x)曲线

(b) WB(x)曲线

图 7-3　不同比转速 n_s 水泵全特性曲线

三、WH(x)、WB(x)线性插值

如上所述，通常 WH、WB 分别以 89 个数的离散形式存储，对应一个 x_i（i=1，2，…，89）有一个 WH(x_i)值和一个 WB(x_i)值，相邻点的差值为 $\Delta x = \pi/44$。

在实际计算中，求解出来的 v、α 所得到的 $x = \pi + \arctan(v/\alpha)$ 值不可能都恰好落在这些 x_i 点之上，即 x 不一定正好等于 Δx 的整数倍。也就是说，需要根据 x 的临近点进行插值求解 $\mathrm{WH}(x)$、$\mathrm{WB}(x)$，一般按线性插值方法能满足要求。

以 $\mathrm{WH}(x)$ 曲线为例，介绍用线性内插法确定任意 x 值对应的 WH 值，如图 7-4 所示。x 值落在 x_i 与 x_{i+1} 之间，点 1 和点 2 的坐标分别为 $[x_i, \mathrm{WH}(x_i)]$、$[x_{i+1}, \mathrm{WH}(x_{i+1})]$，用经过这两点的直线近似表示 $\mathrm{WH}(x)$ 曲线。由线性插值的关系式有

$$\frac{\mathrm{WH}(x_{i+1}) - \mathrm{WH}(x_i)}{\mathrm{WH}(x_{i+1}) - \mathrm{WH}(x)} = \frac{x_{i+1} - x_i}{x_{i+1} - x} \tag{7-13}$$

可以得出 $\mathrm{WH}(x)$ 直线方程为

$$\mathrm{WH}(x) = A_0 + A_1 x \tag{7-14}$$

式中，插值系数 $A_1 = \dfrac{\mathrm{WH}(x_{i+1}) - \mathrm{WH}(x_i)}{x_{i+1} - x_i}$；$A_0 = \mathrm{WH}(x_{i+1}) - A_1 x_{i+1}$。

令整数 I、$I+1$ 分别表示 x_i、x_{i+1} 在数据表中的位置编号，有

$$I = \mathrm{INT}\left(\frac{x}{\Delta x} + 1\right) \tag{7-15}$$

即 x 值位于 $(I-1)\Delta x$ 和 $I\Delta x$ 之间。

计算机程序计算时，用位置编号调取 $\mathrm{WH}(x_i)$、$\mathrm{WH}(x_{i+1})$，插值系数可以表示为

$$A_1 = \frac{\mathrm{WH}[I+1] - \mathrm{WH}[I]}{\Delta x} \tag{7-16}$$

$$A_0 = \mathrm{WH}[I+1] - A_1 I \Delta x \tag{7-17}$$

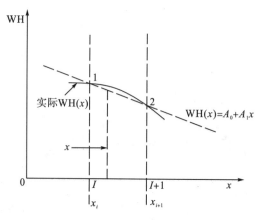

图 7-4　全特性曲线线性插值

同理，可按下式内插 $\mathrm{WB}(x)$ 的数值：

$$\mathrm{WB}(x) = B_0 + B_1 x \tag{7-18}$$

式中，插值系数 $B_1 = \dfrac{\mathrm{WB}[I+1] - \mathrm{WB}[I]}{\Delta x}$；$B_0 = \mathrm{WB}[I+1] - B_1 I \Delta x$。

第三节　水泵事故停运边界方程

水泵事故停运所产生的水力过渡过程最为严重，是运行中最危险的工况。用特征线

法计算水泵水力过渡过程，需要求解其边界条件方程，包括压头平衡方程和水泵机组的转动方程。同时，如前所述，水泵边界需应用全特性曲线。

一、事故停泵边界方程

1. 压头平衡方程

如图 7-5 所示，水泵管路中泵出口安装有阀门，水泵吸水管、出水管分别用下标 1、2 表示。

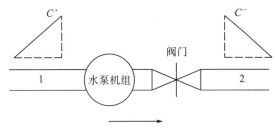

图 7-5　水泵边界

水流经过水泵和阀门的压头平衡方程为

$$H_{P1} + H - \Delta H_P = H_{P2} \tag{7-19}$$

式中，H_{P1} 为吸水管最后一个截面处的压头；H 为水泵的扬程；ΔH_P 为阀门的水力损失（通过阀门的压降）；H_{P2} 为阀门后出水管第一个截面处的压头。

对水泵吸水管、出水管应用 C^+、C^- 方程，有

$$H_{P1} = C_{P1} - B_1 Q_{P1} \tag{7-20}$$
$$H_{P2} = C_{M2} + B_2 Q_{P2} \tag{7-21}$$

根据连续性方程有 $Q_{P1} = Q_{P2} = Q_P$，水泵流量 $Q_P = Q_R v$。

水泵扬程可用下面关系式表达：

$$H = H_R h = H_R (\alpha^2 + v^2) \mathrm{WH}(x) \tag{7-22}$$

式中，$\mathrm{WH}(x) = A_0 + A_1 x$，插值系数 A_0 和 A_1 为已知值，$x = \pi + \arctan(v/\alpha)$。

通过阀门的暂态流量为 Q_P，根据公式 $Q_P = \tau Q_0 \sqrt{\Delta H_P / \Delta H_0}$，水泵出口阀门的水头损失为

$$\Delta H_P = \frac{\Delta H_0 Q_P^2}{\tau^2 Q_0^2} \tag{7-23}$$

式中，τ 为阀门的无量纲开度系数，τ 与开度的关系通常根据阀门特性以数值形式列表给出，而阀门关闭规律是事先设定的，也就是说，τ 与时间 t 的关系是已知的；ΔH_0 为阀门全开 $\tau = 1$、流量为 Q_0 时阀门的水力损失。令 Q_0 采用水泵额定流量 Q_R 值，对应的水头损失为 ΔH_R。同时，为使公式能通用于正反向流动，有

$$\Delta H_P = \frac{\Delta H_R v |v|}{\tau^2} \tag{7-24}$$

把式(7-20)~式(7-23)代入式(7-19)中，得出包含未知量 α 和 v 的压头平衡方程：

$$F_1 = C_{P1} - C_{M2} - (B_1 + B_2)Q_R\upsilon + H_R(\alpha^2 + \upsilon^2)\left[A_0 + A_1\left(\pi + \arctan\frac{\upsilon}{\alpha}\right)\right] - \frac{\Delta H_R\upsilon|\upsilon|}{\tau^2} = 0$$

$$(7\text{-}25)$$

2. 水泵机组转动方程

根据动量矩定律，水泵机组转动方程为

$$J\frac{\mathrm{d}\omega}{\mathrm{d}t} = T_g - T \tag{7-26}$$

式中，J 为水泵机组旋转部分（包括叶轮上液体）的转动惯量，$kg \cdot m^2$；ω 为机组角速度，rad/s；T_g、T 分别为电动机转矩和水泵轴转矩，$N \cdot m$。

正常运行时 $T_g = T$，水泵机组以恒定转速旋转。电力突然中断、水泵事故停运时，电动机的输出转矩 $T_g = 0$，上式可以写为

$$T = -J\frac{\mathrm{d}\omega}{\mathrm{d}t} \tag{7-27}$$

式中，转动惯量 $J = GD^2/4$，单位为 $kg \cdot m^2$，还有定义 $J = WR^2/g$，WR^2 也称水泵机组的转动惯量，单位为 $N \cdot m^2$，W、R 为旋转部分的重量和旋转半径，有关系式 $GD^2 = 4WR^2/g$。由于水泵、电动机转动惯量的定义和单位各种不同方法都在应用，在具体计算时要特别留意。下面公式中水泵机组 GD^2 单位为 $kg \cdot m^2$。

对式（4-12）在 Δt 时间内进行积分，左边用均值表示，右边用有限差分近似，可得

$$\frac{T_0 + T}{2}\Delta t = -\frac{GD^2}{4}(\omega - \omega_0) = -\frac{GD^2}{4}\frac{2\pi}{60}(n - n_0) \tag{7-28}$$

式中，下标 0 表示开始时刻初值，无下标表示当前时刻待求值。将式中参数用无量纲形式表示，则有

$$(\beta + \beta_0)T_R\Delta t = -GD^2\frac{\pi n_R}{60}(\alpha - \alpha_0) \tag{7-29}$$

式中，$\beta = (\alpha^2 + \upsilon^2)\mathrm{WB}(x) = (\alpha^2 + \upsilon^2)\left[B_0 + B_1\left(\pi + \arctan\frac{\upsilon}{\alpha}\right)\right]$。可以得出包含未知量 α 和 υ 的转动方程：

$$F_2 = (\alpha^2 + \upsilon^2)\left[B_0 + B_1\left(\pi + \arctan\frac{\upsilon}{\alpha}\right)\right] + \beta_0 + C_B(\alpha - \alpha_0) = 0 \tag{7-30}$$

式中，$C_B = GD^2\frac{n_R}{T_R}\frac{\pi}{60\Delta t}$，水泵额定转矩 T_R 单位为 $N \cdot m$，GD^2 单位为 $kg \cdot m^2$。一些资料中 C_B 分母上有 g，注意所用单位的差异。

水泵边界条件式（7-25）和式（7-30），组成关于未知量 α 和 υ 的封闭方程。已知水泵出口阀门的关闭规律以及存储的全特性曲线数据，可以由方程组求出水泵无量纲的转速 α 和流量 υ 以及扬程和转矩，从而求解出该边界上相应阀门、管道的水力参数。

水泵机组 GD^2 包括电动机、水泵及叶轮中水体的转动惯量之和。电动机、水泵的转动惯量可查制造厂家的产品样本，尽量用准确值。在初步计算时，若没有 GD^2 的资料，可以用 Dongsky 提供的电动机转动惯量 GD_m^2 的公式估算：

$$GD_m^2 = 887.5 \left(0.7355 \frac{P_g}{n}\right)^{1.435} \tag{7-31}$$

式中，GD_m^2 单位为 $kg \cdot m^2$；P_g 为电动机的功率，单位为 kW；n 为电动机的转速，单位为 r/min。通常电动机转动惯量较水泵转动惯量大得多，故可将 GD_m^2 增加 10%，估算水泵机组总的 GD^2。

二、单台水泵计算方法

管路中单台水泵发生事故停运时，只需联立求解上述两个边界方程。由于这两式为非线性的超越方程，而且方程中的插值系数 A_0、A_1、B_0、B_1 等只有在 α 和 v 确定后才能最终确定，所以直接求解很不方便，一般采用迭代法数值计算。

下面介绍 Newton-Raphson 法，迭代求解的方程形式为

$$\begin{cases} F_1 + \dfrac{\partial F_1}{\partial v}\Delta v + \dfrac{\partial F_1}{\partial \alpha}\Delta \alpha = 0 \\[2mm] F_2 + \dfrac{\partial F_2}{\partial v}\Delta v + \dfrac{\partial F_2}{\partial \alpha}\Delta \alpha = 0 \end{cases} \tag{7-32}$$

式中的四个偏导数，可直接对水泵边界方程求导，分别为

$$\begin{cases} \dfrac{\partial F_1}{\partial v} = -(B_1 + B_2)Q_R + H_R\left\{2v\left[A_0 + A_1(\pi + \arctan \dfrac{v}{\alpha})\right] + A_1\alpha\right\} - \dfrac{2\Delta H_R|v|}{\tau^2} \\[3mm] \dfrac{\partial F_1}{\partial \alpha} = H_R\left\{2\alpha\left[A_0 + A_1(\pi + \arctan \dfrac{v}{\alpha})\right] - A_1 v\right\} \\[3mm] \dfrac{\partial F_2}{\partial v} = 2v\left[B_0 + B_1(\pi + \arctan\left(\dfrac{v}{\alpha}\right)\right] + \alpha B_1 \\[3mm] \dfrac{\partial F_2}{\partial \alpha} = 2\alpha\left[B_0 + B_1(\pi + \arctan\left(\dfrac{v}{\alpha}\right)\right] - v B_1 + C_B \end{cases} \tag{7-33}$$

迭代计算的步骤如下。

(1)首先假定 v 和 α 的初值。一般采用计算时刻的初始值 v_0、α_0 和前一个时步的初始值 v_{00}、α_{00}，通过线性外插选定：

$$\begin{cases} v = 2v_0 - v_{00} \\ \alpha = 2\alpha_0 - \alpha_{00} \end{cases} \tag{7-34}$$

(2)计算 $x = \pi + \arctan(v/\alpha)$ 及 $I = \mathrm{INT}(x/\Delta x + 1)$，确定 x 在水泵全特性数据表中的位置，即 I 与 $I+1$ 之间。计算相应的插值系数 A_0、A_1、B_0、B_1。

(3)根据 v 和 α 的初值，以及水泵出口阀门的关闭规律等，计算出 F_1、F_2，以及式(7-33)中的四个偏导数值。

(4)将计算出的 F_1、F_2 及四个偏导数值代入式(7-32)求解出修正值 Δv 和 $\Delta \alpha$，计算表达式为

$$\begin{cases} \Delta \alpha = \dfrac{F_2 / \dfrac{\partial F_2}{\partial v} - F_1 / \dfrac{\partial F_1}{\partial v}}{\dfrac{\partial F_1}{\partial \alpha} / \dfrac{\partial F_1}{\partial v} - \dfrac{\partial F_2}{\partial \alpha} / \dfrac{\partial F_2}{\partial v}} \\[6mm] \Delta v = -\dfrac{F_1}{\dfrac{\partial F_1}{\partial v}} - \Delta \alpha \dfrac{\dfrac{\partial F_1}{\partial \alpha}}{\dfrac{\partial F_1}{\partial v}} \end{cases} \tag{7-35}$$

（5）根据求解出的 Δv 和 $\Delta \alpha$，分别修正 v 和 α：

$$\begin{cases} \alpha_k = \alpha_{k-1} + \Delta \alpha_k \\ v_k = v_{k-1} + \Delta v_k \end{cases} \tag{7-36}$$

式中，下标 k 表示第 k 次迭代修正计算。

（6）重复循环迭代计算，直到满足下列条件为止：

$$|\Delta \alpha| + |\Delta v| < \varepsilon \tag{7-37}$$

式中，ε 为迭代精度，一般可设为 0.002。

（7）当求解出的 v 和 α 满足精度要求后，还需检查 $x = \pi + \arctan(v/\alpha)$ 是否仍落在初值位置 I 与 $I+1$ 之间。由于求解出的 x 有可能偏离初值较多，要核算取整算式：$II = \mathrm{INT}(x/\Delta x + 1)$。如果 $I = II$，说明 v 和 α 就是所要求的解，则该时步的计算完成。如果 $I \neq II$，就需重新设定水泵全特性数据表中的位置，用 II 代替原来的 I，返回步骤（2），重复计算直到符合精度要求为止。

在计算过程中，当水泵出口阀门开度变得较小，如 τ 小于 0.0001 时可令 $v=0$。

三、串联水泵系统

在串联水泵系统中，当距离较远时，每台水泵边界应单独处理。如果水泵之间的距离较近，可以按单一边界条件计算，如图 7-6 所示。

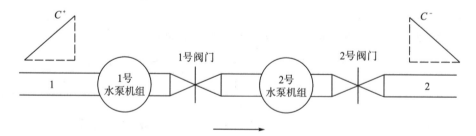

图 7-6　串联水泵边界

压头平衡方程可写为

$$H_{P1} + H_1 - \frac{\Delta H_{R1} v_1 |v_1|}{\tau_1^2} + H_2 - \frac{\Delta H_{R2} v_2 |v_2|}{\tau_2^2} = H_{P2} \tag{7-38}$$

式中，下标 1、2 分别表示 1 号、2 号水泵。

由连续性原理有

$$Q_{P1} = Q_{P2} = Q_{R1} v_1 = Q_{R2} v_2 \tag{7-39}$$

令 $C_1 = Q_{R1}/Q_{R2}$，则有 $\upsilon_2 = C_1\upsilon_1$。

把相应表达式代入压头平衡方程，可以得出：

$$F_1 = C_{P1} - C_{M2} - (B_1 + B_2)Q_{R1}\upsilon_1 + H_{R1}(\alpha_1^2 + \upsilon_1^2)\left[A_{01} + A_{11}\left(\pi + \arctan\frac{\upsilon_1}{\alpha_1}\right)\right]$$

$$+ H_{R2}(\alpha_2^2 + C_1^2\upsilon_1^2)\left[A_{02} + A_{12}\left(\pi + \arctan\frac{C_1\upsilon_1}{\alpha_2}\right)\right] - \left(\frac{\Delta H_{R1}}{\tau_1^2} + \frac{\Delta H_{R2}}{\tau_2^2}C_1^2\right)\upsilon_1|\upsilon_1| = 0$$

$$(7\text{-}40)$$

采用与单台水泵相同的方法，列出各台水泵机组的转动方程：

$$F_2 = (\alpha_1^2 + \upsilon_1^2)\left[B_{01} + B_{11}\left(\pi + \arctan\frac{\upsilon_1}{\alpha_1}\right)\right] + \beta_{01} + C_{B1}(\alpha_1 - \alpha_{01}) = 0 \quad (7\text{-}41)$$

$$F_3 = (\alpha_2^2 + C_1^2\upsilon_1^2)\left[B_{02} + B_{12}\left(\pi + \arctan\frac{C_1\upsilon_1}{\alpha_2}\right)\right] + \beta_{02} + C_{B2}(\alpha_2 - \alpha_{02}) = 0 \ (7\text{-}42)$$

上述三个方程 F_1、F_2 和 F_3 组成串联水泵的边界条件方程，包含 α_1、υ_1 和 α_2 三个变量，同样可采用 Newton-Raphson 法来求解，计算方法步骤与单台水泵时相同。

在串联水泵的型号相同且出口阀门特性及关阀规律相同的情况下，也可以用一台当量水泵的边界方程来模拟计算，只需将 H_R 和 ΔH_R 都乘上串联的台数 n 即可。

四、并联水泵系统

实际工程中，经常将两台或多台水泵并联向一条主管道供水。并联水泵可采用与单台泵相同的方法确定其边界条件。每条并联支管都有一个压头平衡方程，每一台停运水泵又都有一个转动方程，因此，并联水泵的台数及其中事故停运的台数就确定了未知量的个数，同时也确定了边界方程的个数。

如图 7-7 所示，两台并联水泵共用一根吸水管和出水管，忽略水泵支管影响，对每台水泵建立压头平衡方程：

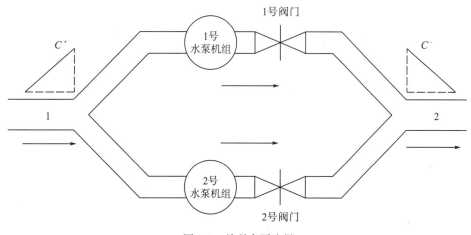

图 7-7 并联水泵边界

$$H_{P1} + H_1 - \frac{\Delta H_{R1}\upsilon_1|\upsilon_1|}{\tau_1^2} = H_{P2} \tag{7-43}$$

$$H_{P1} + H_2 - \frac{\Delta H_{R2} v_2 |v_2|}{\tau_2^2} = H_{P2} \tag{7-44}$$

由连续性原理有

$$Q_{P1} = Q_{P2} = Q_{R1} v_1 + Q_{R2} v_2 \tag{7-45}$$

把相应表达式分别代入压头平衡方程，可得

$$F_1 = C_{P1} - C_{M2} - (B_1 + B_2)(Q_{R1} v_1 + Q_{R2} v_2) + H_{R1}(\alpha_1^2 + v_1^2)\left[A_{01} + A_{11}\left(\pi + \arctan\frac{v_1}{\alpha_1}\right)\right]$$

$$- \frac{\Delta H_{R1} v_1 |v_1|}{\tau_1^2} = 0 \tag{7-46}$$

$$F_2 = C_{P1} - C_{M2} - (B_1 + B_2)(Q_{R1} v_1 + Q_{R2} v_2) + H_{R2}(\alpha_2^2 + v_2^2)\left[A_{02} + A_{12}\left(\pi + \arctan\frac{v_2}{\alpha_2}\right)\right]$$

$$- \frac{\Delta H_{R2} v_2 |v_2|}{\tau_2^2} = 0 \tag{7-47}$$

同理，采用与单台水泵相同的方法，列出各台水泵机组的转动方程：

$$F_3 = (\alpha_1^2 + v_1^2)\left[B_{01} + B_{11}\left(\pi + \arctan\frac{v_1}{\alpha_1}\right)\right] + \beta_{01} + C_{B1}(\alpha_1 - \alpha_{01}) = 0 \tag{7-48}$$

$$F_4 = (\alpha_2^2 + v_2^2)\left[B_{02} + B_{12}\left(\pi + \arctan\frac{v_2}{\alpha_2}\right)\right] + \beta_{02} + C_{B2}(\alpha_2 - \alpha_{02}) = 0 \tag{7-49}$$

F_1、F_2、F_3 和 F_4 组成两台水泵并联运行的边界条件方程，包含四个未知量 α_1、v_1、α_2、v_2，仍然可采用 Newton-Raphson 法进行求解。

上述方法从理论上来说，可以推广到任意数目的并联水泵。具体应用时，应该注意下列问题。

(1)转动方程只对事故停运过渡过程中的水泵才有意义。例如，若两台并联运行的水泵中，水泵1事故停运、水泵2继续运行，这时方程 F_4 可以不用，只需求解 F_1、F_2、F_3 三个方程。

(2)并联运行中的水泵，当一台水泵出口阀门开度变得较小、τ 小于 0.0001 时，该条分支管道的压头平衡方程可以从边界条件方程中去掉。

(3)对于 n 台型号相同的水泵并联，且出口阀门特性及关阀规律也相同的情况，全部水泵事故停运过渡过程的计算，可以用一台水泵的边界方程来模拟，只要把单台水泵的额定流量 Q_R 乘以 n 即可，其他均不变化。

五、带旁路的单台水泵

对于带有旁通管路的单台水泵管路系统，如图 7-8 所示。在正常运行时旁通管路上的阀门关闭，即旁路是不通的；当水泵发生事故停运时，旁通管路上的阀门才打开。

由连续性原理有

$$Q_{P1} = Q_{P2} = Q_R v + Q_R v_S = Q_R(v + v_S) \tag{7-50}$$

式中，Q_R 为水泵额定流量；v、v_S 分别为水泵、旁路阀门的无量纲流量。

水泵支路的压头平衡方程为

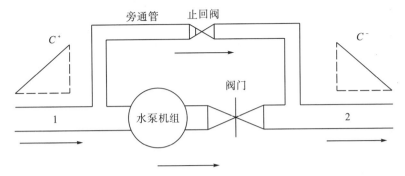

图 7-8　水泵带旁路边界

$$F_1 = C_{P1} - C_{M2} - (B_1 + B_2)Q_R(\upsilon + \upsilon_S) + H_R(\alpha^2 + \upsilon^2)\left[A_0 + A_1\left(\pi + \arctan\frac{\upsilon}{\alpha}\right)\right]$$

$$- \frac{\Delta H_R \upsilon |\upsilon|}{\tau^2} = 0 \tag{7-51}$$

水泵转动方程：

$$F_2 = (\alpha^2 + \upsilon^2)\left[B_0 + B_1\left(\pi + \arctan\frac{\upsilon}{\alpha}\right)\right] + \beta_0 + C_R(\alpha - \alpha_0) = 0 \tag{7-52}$$

旁路支管的压降方程为

$$H_{P1} - \frac{\Delta H_{RS}\upsilon_S |\upsilon_S|}{\tau_S^2} = H_{P2} \tag{7-53}$$

式中，下标 S 表示旁路阀门的相关参数。把相应表达式代入，可得

$$F_3 = C_{P1} - C_{M2} - (B_1 + B_2)Q_R(\upsilon + \upsilon_S) - \frac{\Delta H_{RS}\upsilon_S |\upsilon_S|}{\tau_S^2} = 0 \tag{7-54}$$

同时，必须注意旁通阀门只有在 $H_{P1} > H_{P2}$ 时才打开，即旁通阀门打开条件为

$$C_{P1} - C_{M2} - (B_1 + B_2)Q_R(\upsilon + \upsilon_S) > 0 \tag{7-55}$$

上述 F_1、F_2 和 F_3 三个方程，组成带旁路的水泵边界条件方程，包含 α、υ 和 υ_S 三个变量，同样可采用 Newton-Raphson 法来求解。

第四节　水泵启动边界方程

水泵启动时出口阀门何时开启，根据水泵管路系统的不同情况，在实践和理论上有三种方法：

(1)水泵启动加速至额定转速时。

(2)水泵启动加速的同时。

(3)当出口阀门前、后压力相等时。

第一种是较为常用的方法，可以减小水泵电动机的启动负荷。对于第二种方法，在水泵系统静扬程较高时，由于水泵在开始加速时扬程较小，故出口阀门前压力小，而出口阀门后压力等于静扬程的压力，此时开启阀门将发生倒流，会增加启动力矩，且在水流从倒流至正向流动的过程中，水流流速变化较大，会加剧管路的压力波动。在水泵出口采用止回阀（单向阀）的情况下，开启过程类似于第三种方法，该方法出口阀门的开启方式比较理想。

对第三种方法，为推求水泵出口阀门开启、开始正向流动的判据，令压头平衡方程中流量 $v=0$，可得

$$F = C_{P1} - C_{M2} + H_R\alpha^2\mathrm{WH}(\pi) = 0 \tag{7-56}$$

若 $F>0$，则出口阀门打开、为正向流。由于管路系统暂态流量为零，容易看出该判据条件为出口阀门前压力刚好大于出口阀门后压力，即

$$C_{P1} + H_R\alpha^2\mathrm{WH}(\pi) > C_{M2} \tag{7-57}$$

通常假设水泵机组转速是从零线性升高到额定值，若启动加速时间为 T_q，则转速变化规律为

$$\alpha = \begin{cases} t/T_q, & t \leqslant T_q \\ 1, & t > T_q \end{cases} \tag{7-58}$$

计算中用式(7-58)代替水泵机组的转动方程。

式(7-58)与前面介绍的压头平衡方程组成水泵启动的边界条件，方程组是封闭的。

另外，水泵机组的启动方式，还与水泵类型等有关。水泵启动过渡过程计算模型，可根据具体的启动方式建立边界方程。

第五节　水柱分离及弥合计算方法

水泵事故停运后由于扬程很快减小，在出水管道中将首先产生压力降低。如果输水管道很长、管线起伏较大，在过渡过程中有可能使管道中某些凸部的压力降至水的汽化压力。若这种压力降低持续相当长时间，则管道中的水流将因水的汽化和水中空气的离析而形成气泡，游离的气泡聚合成大的气泡形成气穴，气穴可能变得很大以致充满整个截面，从而把连续的水流分隔成为两个水柱，这种现象称为水柱分离。当管道压力升高时，被分离的水柱又会弥合、互相撞击，出现压力急骤上升现象，严重威胁管道系统。

水柱分离及弥合现象涉及水、气两相流问题，水力过程比较复杂，目前，相关问题仍在研究之中。要精确模拟水柱分离是有困难的，相关的数学模型较多，目前主要有两个。一个为水柱分离及其再弥合的模型，认为气穴使水柱分离，假定气穴集中在固定的计算截面上，对被分离的水柱采用固定的水击波传播速度进行计算。另一个为气、液两相流的数学模型，假设空气离析和水汽化形成的气泡均匀分布在整个区域，因此，在形成气泡的区域由于水、汽的混合使波速瞬态变化，导致加剧管中水击压力的变化。

一、水柱分离及弥合模型

以下介绍水柱分离及其再弥合的数值计算方法，如图 7-9 所示。

水柱分离及再弥合现象的计算模型，主要基于以下主要的假定：

(1)水柱分离后两水柱的截面与管轴线垂直，两水柱之间为空穴，其压力等于水的汽化压力。

(2)水柱分离发生在管道分段的计算节点截面上。

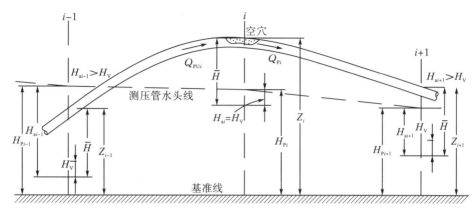

图 7-9　水柱分离边界

（3）在水力过渡过程中水中无空气离析，因而水击波传播速度在连续水体区域中是常数。

（4）水柱再弥合后不残留气泡。

由于假定水柱分离的发生位置固定，这样就能方便地将其作为内边界节点编入计算程序中。当任何一个节点截面的压力等于或者小于水的汽化压力时，这个截面按特殊内边界"水柱分离"数学模型进行计算。在产生水柱分离之前和水柱再弥合之后，都将水柱视作连续的流体，该节点采取通常的内边界方程进行计算。

假设在时间步长 Δt 内流入截面的平均流量为 Q_{PU}，流出截面的平均流量为 Q_P，水柱分离形成空穴的体积为 $\forall$，可由质量守恒原理求得 $\forall = \sum (Q_P - Q_{\mathrm{PU}}) \Delta t$。所求的体积 $\forall$ 是从开始产生水柱分离，即从该节点截面的压力等于或小于汽化压力的瞬间开始计算的，在全部水柱分离的时间内对每一时间间隔 Δt 求代数和，进行累加。在之后的计算过程中，若被分离的水柱之间的空穴体积等于或接近零，则两段水柱发生撞击、产生水柱再弥合。此时出现的压力升高可用刚性水击理论计算。

设两段水柱碰撞前的压头分别为 H_{U} 和 H，碰撞后具有相同的速度 V。将两段水柱视作刚体并忽略管道的摩阻损失，碰撞后的压头为 H_P，则有

$$\begin{cases} H_P - H_{\mathrm{U}} = \dfrac{a}{g}(Q_{\mathrm{PU}}/A - V) \\ H_P - H = \dfrac{a}{g}(V - Q_P/A) \end{cases} \tag{7-59}$$

式中，a 为水击波速；A 为管道的横断面面积。碰撞后压头升高 $\Delta H = H_P - (H_{\mathrm{U}} + H)/2$，可导出 ΔH 的计算式：

$$\Delta H = \frac{a}{2gA}(Q_{\mathrm{PU}} - Q_P) \tag{7-60}$$

二、模型计算方法

对水柱分离及其再弥合边界条件的模拟过程，可采用如下具体计算步骤。

1. 判断是否产生水柱分离

i 节点截面的绝对压力可以表示为

$$H_{ai} = H_{Pi} - Z_i + \overline{H} \tag{7-61}$$

式中，H_{ai} 为绝对压力；H_{Pi} 为测压管水头；Z_i 为该节点管顶至基准线高度；$\overline{H}$ 为大气压的水柱高度。

发生水柱分离的条件为 $H_{ai} \leqslant H_{V}$，H_{V} 表示水的汽化压力，常温下约为 0.24m 水柱。

2. 计算水柱分离

i 节点为水柱分离状态时，瞬态参量的计算式为

$$\begin{cases} H_{Pi} = Z_i - \overline{H} + H_{V} \\ Q_{PUi} = (C_P - H_{Pi})/B \\ Q_{Pi} = (H_{Pi} - C_M)/B \\ \forall_i = \sum (Q_{Pi} - Q_{PUi})\Delta t \end{cases} \tag{7-62}$$

式中，$\forall_i$ 为水柱分离形成空穴的体积。

3. 再弥合后的压力上升

若在计算过程中 $\forall_i \leqslant 0$，则认为水柱在该瞬时再弥合，瞬态参量计算式为

$$\begin{cases} H_{Pi} = (C_P + C_M)/2 \\ Q_{PUi} = (C_P - H_{Pi})/B \\ Q_{Pi} = Q_{PUi} \end{cases} \tag{7-63}$$

水柱分离及其再弥合现象，涉及两相流的问题，上述计算模型的建立有一定的近似性，因此，计算的准确可靠性比单相流的情况要差。

泵站系统中由于负压造成水柱分离及其再弥合，将会产生很高的压力升高，使管道造成破坏。某火电厂冷却水补给水系统管径为 450mm、管长 800m，管中初始流速 2.32m/s，由两台混流泵供水。当两台水泵同时动水中断时，产生了水柱分离再合弥现象。实测表明：最高压力水头达 105m 水柱，为正常工作压力水头 15m 水柱的 7 倍(刘竹溪 等，1988)。因此，当计算确定水泵事故停运过程中可能产生水柱分离时，应该考虑采取必要的防护措施。

第六节　水泵系统水锤防护措施

突然断电等事故停运工况，在水泵运行时是有可能出现的。设计不当或操作失误，将会引起系统发生水锤事故，如水泵、管道、阀门等设备损坏，甚至水泵房被淹、供水中断等严重后果。水泵应用的范围非常广泛，相应的水锤防护措施也比较多。在具体工程中，管路系统各有特点，盲目地采用水锤防护措施，有时达不到预期的效果，甚至会

得到相反的结果。因此，有针对性地选择合理、有效的防护措施，并开展水力过渡过程计算分析，是水泵系统设计的重要课题。

事故停泵水锤防护的主要内容包括：①防止水锤压力对压力管道及附件的破坏，最大水锤压力值限制在水泵额定工作压力的 1.3～1.5 倍；②防止压力管道内水柱断裂或出现不允许的负压；③防止机组反转造成水泵和电动机的破坏，要求反转速度不超过额定转速的 1.2 倍；④防止流道内压力波动对水泵机组的破坏。

一、可控出口阀门

一般情况下，在水泵出口均安装控制阀门。水泵出口阀门的种类很多，如止回阀、蝴蝶阀、平板闸阀、水力控制阀、多功能水泵控制阀等，相关资料对各类阀门的结构及特点都有详尽的讨论。根据阀门水力过渡过程的特征，仅从水力计算模型的角度，本书将其简化为两种主要形式：急闭式止回阀和可控出口阀门。

急闭式止回阀通过一定的装置设备，一旦水泵流速减小到接近于零时，阀板就迅速关闭、防止水泵倒流。在扬程较高、管道较短的情况下，急闭式止回阀可防止管道中水流倒泄和水泵机组倒转。但是，由于阀板快速关完的特点，急闭式止回阀容易引起管道水击问题。

可控出口阀门（或可控止回阀），即阀门的启闭规律是受控制的，调节规律依据系统水力过渡过程分析确定，控制方式主要为液压控制等。在水泵事故停运时，可控出口阀门既能阻止水倒流、保护水泵机组不致发生倒转飞逸，又能使其在关闭前实现缓慢关闭完，以避免突然关完造成管道中压力急剧升高的水锤事故。目前，在水泵系统设计中，普遍设置可控出口阀门。

在我国《泵站设计规范》中有条文说明："扬程高、管道长的大、中型泵站，事故停泵可能导致机组长时间超速反转或造成水锤压力过大，因而推荐在水泵出口安装两阶段关闭的液压缓闭阀门"。出口阀门两阶段关闭，其中先快后慢的两段直线关闭规律，近年来在泵站水锤防护中应用最为广泛。出口阀门先快后慢两段直线关闭规律，如图 7-10 所示。图中 T_{f1}、T_{f2} 分别为快关时间、慢关时间，阀门总关闭时间 $T_f = T_{f1} + T_{f2}$；y_2 为按慢关速度所关闭的阀门开度，即等于拐点开度值，按快关速度所关闭的阀门开度 $y_1 = 1 - y_2$，阀门开度用相对值表示。

事故停运开始阶段水泵处于正转正流、减速运行状态，管道中流速减小、压力降低。此时，由于出口阀门在大开度范围内、阻力系数的变化较小，所以第一段较快速度关闭出口阀门对管路压降的影响并不明显。在水泵开始倒流时，由于在快关过程中已将出口阀门关闭到一个较小的开度，此时阀门开度小且阻力大，所以可以阻止发生较大的倒流量、以减小水泵的倒转速度。然后在第二阶段，出口阀门可以采用较慢的关闭速度关完，以限制管道最大水击压力值。根据上述分析，通常取出口阀门快关时间等于或接近水泵流量为零的时间，快关结束的开度、拐点开度 y_2，一般在 0.1～0.3；慢关时间为快关时间的 4～8 倍。

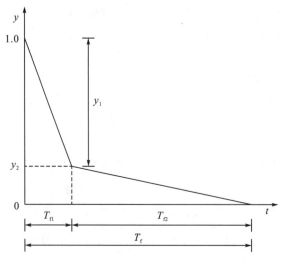

图 7-10　水泵出口阀门两段直线关闭示意

对于吸水管较长的水泵系统，则不适宜采用出口阀门先快后慢的关闭规律。由于吸水管内水体惯性较大，水泵事故停运时正转正流维持时间长，出口阀门快关时，有可能在阀前(阀上游侧)引起较大的水击压力。

出口阀门采取何种关闭规律，需要根据具体工程的实际情况进行水力过渡过程分析。在可控出口阀门的调节范围内，两段直线关闭可以有很多组合，可以预先假定几种方案进行计算，根据压力升高、倒流量及时间、倒转速等暂态参数，选定较优的关闭规律。

近年来随着科技的发展，在一些重要工程上出现了具备先进控制技术的阀门，如通过检测暂态压力、流速来控制阀门开度等。从过渡过程计算的角度也属可控出口阀门，同样，可以根据其水力特征建立边界方程，开展水泵系统水锤防护研究。

二、增设惯性飞轮

根据水泵机组转动方程，易知：机组转动惯量 GD^2 越大，转速降低的速度越慢。也就是说，可以延长水泵"正常水泵工况"的历时，使机组依靠惯性继续以缓慢降低的速率向管路输水，减慢管路中流速和压力的急剧降低，防止管路出现负压、水柱分离。可延缓水泵发生倒流、倒转的时间；同时，一旦倒流量达到一定值，水泵开始倒转之后，也可以减小水泵倒转的加速度，降低管道中的压力上升值。如图 7-11 所示，增加水泵机组的转动惯量，可以明显提高管路的最低压力线。

一般而言，电动机转动惯量约为水泵机组总转动惯量的 90%。随着电动机技术的提高，水泵机组转动惯量有减小的趋势。在大多数情况下，电动机转动惯量的提高是有限的，为了水锤防护而特意增加电动机的 GD^2 是不经济的。此时，可以考虑在水泵机组的主轴上增设惯性飞轮，需注意：仅适用于卧式水泵机组。这种防护措施不仅需要增加飞轮及其支撑机构的投资，而且会为电动机的启动造成困难。另外，当管道长度很长时，要减小水锤的降压值，往往需要 GD^2 增加很大；由于设备及安装条件的限制，有时可能难以实现。因此，增设惯性飞轮只适用于小容量的水泵机组。

　　在水泵系统设计阶段，可以根据水泵机组 GD^2 的可能范围，开展水力过渡过程计算分析。在某些特殊情况下，增设惯性飞轮有可能较用其他水锤防护设施经济。

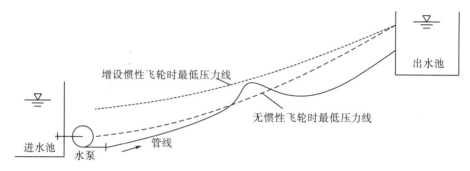

图 7-11　增加水泵机组转动惯量对最低压力线的影响

三、空气阀

　　空气阀(也称注气微排阀)是一种用于停泵暂态过程中，防止管道产生负压的特殊阀门，与单纯排气阀的功能不一样。长距离输水管线在停泵后，凸起部分水压常常降到汽化压力以下，引起局部汽化产生空泡。为了在真空情况下保护管道，在管线的凸起处可以设置空气阀，如图 7-12 所示。

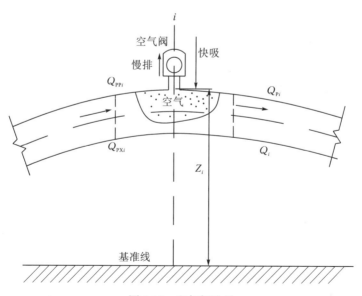

图 7-12　空气阀边界

　　空气阀的作用：当该处的管内压力降到低于大气压或预先设定的最小压力(一般应保证负压不超过 -2m)时，空气阀自动打开吸入空气；当管内水压上升到大气压以上时，逐渐排出管道凸部上方积聚的空气；在排出管道中空气时空气阀具有自动关闭的功能，一般情况下不允许水体漏入大气。

　　空气阀具有构造简单、造价低、安装方便、不受安装条件限制等优点，是一种较经济的水锤保护方法。但受吸入空气量的限制，空气阀水锤防护的作用范围有限，一般适合装设在管道产生局部负压的凸点。另外，管道中排完空气时，可能产生水柱再弥合现象。虽然这种水柱再弥合与管中因压力低于水的汽化压力而形成的水柱分离及再弥合情况有所不同，但由此引起的压力升高也是应当引起重视并加以分析的。

　　进气、排气和管内流动的过程相当复杂，因此，模拟空气阀边界是困难的。但是，在通常特征线法的范围内还是可以处理的，先作如下假定。

　　(1)空气等熵地流入、流出空气阀。

　　(2)管内空气变化遵守等温规律。与管内水体相比，空气质量通常很小，故可以认为：空气质量变化过程中，其温度接近于水体的温度。

　　(3)进入管道的空气停留在可以由空气阀排出的附近。

　　(4)水体表面的高度基本不变，而空气体积和管段里的水体体积相比很小。

　　根据热力学和流体力学的基本原理，流入、流出空气阀的质量流量 $\dot{M}_a$，取决于管外大气的绝对压力 p_a、绝对温度 T_a 以及管内的绝对温度 T 和绝对压力 p，可按如下四种情况进行计算。

　　(1)当 $0.528 < p_r < 1$ 时，空气以亚声速流入

$$\dot{M}_a = C_{in}A_{in}\sqrt{7p_a\rho_a(p_r^{1.4286} - p_r^{1.7143})} \tag{7-64}$$

式中，C_{in} 为进气时的流量系数；A_{in} 为进气时的流通面积；大气密度 $\rho_a = p_a/(RT_a)$，R 为气体常数；$p_r = p/p_a$。

　　(2)当 $p_r \leqslant 0.528$ 时，空气以临界速度流入

$$\dot{M}_a = C_{in}A_{in}\frac{0.686}{\sqrt{RT_a}}p_a \tag{7-65}$$

　　(3)当 $1 < p_r < 1/0.528$ 时，空气以亚声速流出

$$\dot{M}_a = -C_{out}A_{out}p_ap_r\sqrt{\frac{7}{RT}(p_r^{-1.4286} - p_r^{-1.7143})} \tag{7-66}$$

式中，C_{out} 为排气时的流量系数；A_{out} 为排气时的流通面积。

　　(4)当 $1/0.528 \leqslant p_r$ 时，空气以临界速度流出

$$\dot{M}_a = -C_{out}A_{out}\frac{0.686}{\sqrt{RT}}p_ap_r \tag{7-67}$$

　　当不存在空气且水压高于大气压时，空气阀处边界仍然是一般内部节点、求解 H_P 和 Q_P。

　　当压头降到管线高度以下时，空气阀打开、吸入空气，在空气被排出之前，气体满足等温规律的气体方程：

$$p\,\forall = M_aRT \tag{7-68}$$

式中，$\forall$、M_a 分别为管内空气的体积、质量。引入积分近似，式(7-68)可写为

$$p[\forall_i + 0.5\Delta t(Q_i + Q_{Pi} - Q_{PXi} - Q_{PPi})] = [M_{a0} + 0.5\Delta t(\dot{M}_{a0} + \dot{M}_a)]RT$$

$$\tag{7-69}$$

式中，$\forall_i$ 为起始时刻的空气体积；Q_i、Q_{Pi} 分别为起始时刻、Δt 时步后流出断面 i 的水体流量；Q_{PXi}、Q_{PPi} 分别为起始时刻、Δt 时步后流入断面 i 的水体流量；M_{a0} 为起始时刻管内空气的质量；$\dot{M}_{a0}$、$\dot{M}_a$ 分别为起始时刻、Δt 时步后流入或流出空穴的空气质量流量。

对断面 i 上、下游管道应用 C^+、C^- 方程，有

$$H_{Pi} = C_P - BQ_{PPi} \tag{7-70}$$

$$H_{Pi} = C_M + BQ_{Pi} \tag{7-71}$$

H_P 和 p 之间的关系为

$$H_P = \frac{p}{\gamma} - \overline{H} + Z \tag{7-72}$$

式中，$\overline{H}$ 为当地大气压力，标准大气压时约为 10.33m 水柱；γ 为水的容重；Z 为空气阀位置高程。

将式(7-69)～式(7-71)代入式(7-68)，可得

$$p\left\{\forall_i + 0.5\Delta t\left[Q_i - Q_{PXi} - \left(\frac{C_P}{B} + \frac{C_M}{B}\right) + \frac{2}{B}\left(\frac{p}{\gamma} - \overline{H} + Z\right)\right]\right\} = \left[M_{a0} + 0.5\Delta t(\dot{M}_{a0} + \dot{M}_a)\right]RT \tag{7-73}$$

式(7-73)中的未知量为管内绝对压力 p，其他参数对当前时刻均为已知量。

由于气体质量流量的导数 $\mathrm{d}\dot{M}_a/\mathrm{d}p$ 不是连续函数，直接求解出 p 较为困难。目前，普遍采用 Wylie 和 Streeter 提出的求解方法，基本思想：首先将 $\dot{M}_a$ 的函数式(7-64)和式(7-66)在相应范围内离散化，然后用一系列三点抛物线方程进行分段近似，从而将式(7-73)转化成 p 的二次方程，然后通过判断解的存在区域，求解相应的二次方程得到 p 的近似解。此方法一般需经过几次试算，可以确定出 p 的解。

下面介绍由杨开林(2000)提供的计算方法。将式(7-73)写为以下形式：

$$F = p(C_1 p + C_2) - C_3 - \dot{M}_a = 0 \tag{7-74}$$

式中，$C_1 = \dfrac{2}{B\gamma RT}$；$C_2 = \left\{\forall_i + 0.5\Delta t\left[Q_i - Q_{PXi} - \left(\dfrac{C_P}{B} + \dfrac{C_M}{B}\right) + \dfrac{2}{B}(Z - \overline{H})\right]\right\} / (0.5\Delta t RT)$；

$C_3 = \dfrac{M_{a0} + 0.5\Delta t \dot{M}_{a0}}{0.5\Delta t}$。

函数式中只有未知量 p，由 Newton-Raphson 法可以写为

$$F + \frac{\mathrm{d}F}{\mathrm{d}p}\Delta p = 0 \tag{7-75}$$

即

$$\Delta p = -F / \frac{\mathrm{d}F}{\mathrm{d}p} \tag{7-76}$$

式中，$\dfrac{\mathrm{d}F}{\mathrm{d}p} = 2C_1 p + C_2 - \dfrac{1}{p_a}\dfrac{\mathrm{d}\dot{M}_a}{\mathrm{d}p_r}$。

由于当空气以临界速度流入或流出时 $\lim\limits_{p_r \to 1}\mathrm{d}\dot{M}_a/\mathrm{d}p \to \infty$，为避免这一问题，采用中心差分代替微分，即取

$$\frac{\mathrm{d}\dot{M}_a}{\mathrm{d}p_r} = \frac{\dot{M}_a(p_r + \delta) - \dot{M}_a(p_r - \delta)}{2\delta} \tag{7-77}$$

式中，δ 为 p_r 的微分增量，可取 $\delta = 10^{-7}$。

求解管内绝对压力 p 的具体步骤如下。

(1)计算系数 C_1、C_2 和 C_3。

(2)取 $p = p_0$，p_0 为起始时刻压力。

(3)由式(7-77)计算 $\mathrm{d}\dot{M}_a/\mathrm{d}p$；同时，计算 F、$\mathrm{d}F/\mathrm{d}p$ 和 Δp。

(4)判别 $|\Delta p| \leqslant 10^{-6}$，如果条件成立，则 p 是方程(7-74)的解，完成本时步计算；否则，判别 $|\Delta p_r| = |\Delta p/p_a| \leqslant 0.1$，如果条件成立，则用 $p + \Delta p$ 代替式(7-76)和式(7-77)中的 p，若条件不成立，则用 $p + 0.1 p_a \Delta p/|\Delta p|$ 代替式(7-76)和式(7-77)中的 p，重复步骤(3)、(4)，直到满足 $|\Delta p| \leqslant 10^{-6}$ 为止。

四、空气罐

空气罐也是水泵系统中常用的控制水力瞬变的设备。当水泵正常工作时，管道中的水压力使罐内的空气压缩，由于空气比水轻，故上层为空气、下层为水，形成水气自然分离，类似于水电站中的气垫式调压室。

在水泵突然事故停运时，空气罐的主要作用如下。

(1)避免管道中水压降到大气压以下。在管道中的压力降低时，罐内空气迅速膨胀，下层水在空气压力作用下迅速地补充给管道，以减缓管道水流流速的下降速率，从而防止管中压力下降过大或产生水柱分离。

(2)限制管道水压的最大值。当倒泄水流使水泵进入水轮机工况时，水泵出口阀门关闭、管中压力上升，出水管中的高压水将流入空气罐，使罐内空气压缩，从而减小出水管中的压力升高。

为了充分利用空气罐的调压能力，以及方便设备管理和维修，空气罐通常装设在靠近水泵出口的压力管道上(水泵出口阀门之后)，如图 7-13 所示。只要保证罐内压力足以作用到其保护范围，并有足够的容积，就可以使其保护范围扩大到整条输水管道。为了节制流进或流出空气罐的流量，通常在空气罐与管道之间设置一个节流孔口。为了防止管道中产生过低的压力，水流从罐内流出应尽可能自由，而流入水量则被限制以减小空气罐的体积。因此，流出时孔口形状常做成光滑曲面，使得水流流出空气罐的水头损失小于相应的水流流入时的水头损失。

空气罐控制水力瞬变的能力取决于它的尺寸、节流孔口的大小及其局部阻力系数等。如果气室的初始容积太小，达不到控制管道水压的目的；如果太大，又不经济。此外，为了在管道低压期间不致使空气罐液体被放空，空气罐必须具有足够的初始储液容积。空气罐初始容积、节流孔口的大小及其局部阻力系数的设计，应进行详细的水力过渡过程计算。采用特征线法求解空气罐边界条件方程，与气垫式调压室方程是一样的。因此，可以参考气垫式调压室的计算方法，调用相同的计算程序。

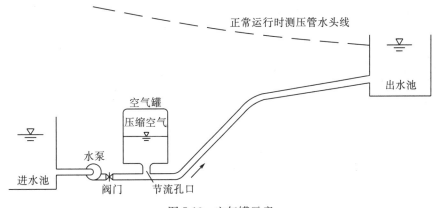

图 7-13　空气罐示意

另外，近年来也有采用气囊式空气罐，基本工作原理与一般空气罐是一样的。在罐内装设一个充满气体的柔软橡胶囊，通过气囊中气体的压缩、膨胀，缓冲管道中水压力的变化。与一般空气罐相比，气囊式空气罐的主要优势：气体被充在柔软的橡胶囊内，水、气分开，可避免气体溶解入水中，能沿长补气周期，运行较为可靠，管理维护也方便。实际运行中也发现：由于气囊在密闭气罐内，若气囊有微小漏气问题，不容易被观测到。

为确保空气罐防护水锤的正常工作，必须配备相应的空压机、水位信号计、安全阀和补气管道等。根据空气罐内水位及气压情况，安全阀能自动开启排气，保证罐内压力不超过限定值；空压机能自动开启进行补气，从而自动控制出水管中的压力。

五、调压室和单向调压水箱

1. 调压室

在水泵系统中，调压室与上述空气罐一样，也是一种缓冲式的水锤防护设备，其结构一般采用类似于水电站中简单式、阻抗式调压室，如图 7-14 所示。

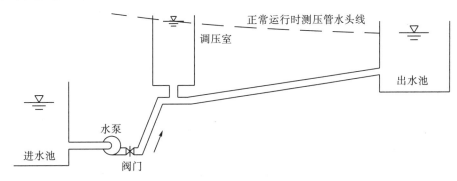

图 7-14　调压室示意

设置调压室的主要目的：①一旦输水管道中压力降低，调压室迅速给管道补水，以防止或减小管道中产生负压及水柱分离；②当管路中压力升高时，让高压水流进入调压室中，从而起到缓冲水击压力的作用。

调压室下游管道压力不会升高，只需要考虑水泵与调压室之间的水锤问题。调压室应装设在可能产生负压的部分，并尽可能靠近水泵。在发生突然事故停泵时，能向管路中补充水，以防止水柱分离。为防止空气进入输水管道内，调压室应有足够容量，确保在给系统补水过程中室内仍保持有一定的水量、不至于出现漏空。同时，调压室应有足够的高度，在调压过程中不会产生溢流，有条件也可以考虑溢流排水措施。因此，在设计阶段需通过水力过渡过程计算，确定调压室的位置、结构尺寸等。相应的边界条件方程，与水电站调压室是一样的，可直接采用相同的计算方法。

调压室结构简单、安全可靠、易于维护。当水泵扬程高、管道压力大时，要求调压室的高度也相应增高，从而增加工程造价而难以采用。调压室一般用于大流量、低扬程的长管道系统，同时要考虑修建的地形条件。

2. 单向调压水箱

与调压室类似的另一种防护措施是在管道上装设单向调压水箱，也称单向补水箱，如图 7-15 所示。

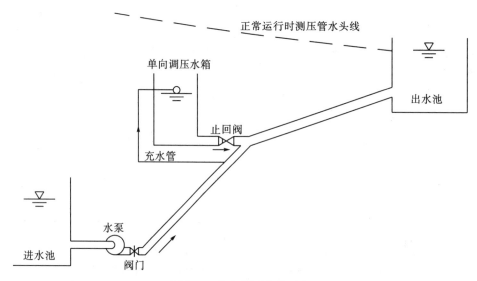

图 7-15　单向调压水箱示意

当连接处管道压力水头小于单向调压水箱水深时，水箱底部的止回阀打开，水流迅速补充进入管道，以避免管道中压力降低而产生水柱分离。当管道压力水头大于单向调压室的水深时，调压室底部止回阀关闭。在设计单向调压水箱时，必须保证止回阀能及时开启的可靠性，以避免管道压力降到汽化压力。

与空气阀低压时补气相比，单向调压水箱为补水，其防护效果更优。但应注意在给输水管道补水之后，单向调压水箱应能迅速充水，准备下一次动作；冬季应防止单向调压水箱和补给水管冰冻损坏等维护管理问题。因此，沿管线布置时，单向调压水箱不如空气阀方便、经济。

与调压室相比，单向调压水箱由于在与主管道相连的补水管上装设有止回阀，在水箱内设有控制水位的浮球阀，故水箱高度可以大大降低，即只要有足够的容积储水供暂态补水就行。因此，单向调压水箱是一种经济的防止管道中产生水柱分离的措施，在水泵输水管道中得到较为广泛的应用。

单向调压水箱通常布置在管线凸点，应注意其保护范围是有限的。一般是相当于箱内最高水位以下的管道部分，如果在此高程以上的管道还可能产生水柱分离，则应根据管道的纵断面及最低压力线情况装设多个。

单向调压水箱边界条件计算：①当连接处管道压力水头小于水箱水深时，可采用水电站阻抗式调压室的计算方法；②当连接处管道压力水头大于水箱水深时，该边界仍然按管道一般内部节点处理。

参 考 文 献

泵站设计规范[S]. 中华人民共和国国家标准. GB 50265-2010.

蔡龙，刘昌玉，石天磊，等. 2017. 水泵断电工况下洪屏抽水蓄能电站#1机组特征参数数学模拟[J]. 水电能源科学，35(2)：170-173.

常近时. 1991. 水力机械过渡过程[M]. 北京：机械工业出版社.

常近时. 2005. 水力机械装置过渡过程[M]. 北京：高等教育出版社.

陈浩，鞠小明，刘朝清，等. 2002. 低水头电站调压室优化设计计算研究[J]. 四川大学学报（工程科学版），34(4)：22-25.

陈家远. 1981. 空气阻抗式调压室[J]. 成都科技大学学报，(4)：55-62.

陈家远. 1989. 设置气垫式调压室的尾水系统水力过渡过程计算[J]. 水利学报，(2)：17-25.

陈家远. 1989. 水电站调节系统稳定计算[J]. 成都科技大学学报，(3)：63-72.

陈家远. 1992. 设置气垫式调压室的引水系统研究[J]. 水力发电学报，36(1)：61-70.

陈家远. 2008. 水力过渡过程的数学模拟及控制[M]. 成都：四川大学出版社.

陈玲，鞠小明，杨济铖. 2013. 水电站调压室涌浪水位多种计算方法比较[J]. 中国农村水利水电，(9)：158-161.

陈乃祥. 2005. 水利水电工程的水力瞬变仿真与控制[M]. 北京：中国水利水电出版社.

陈祥荣，范灵，鞠小明. 2007. 锦屏二级水电站引水系统水力学问题研究与设计优化[J]. 大坝与安全，(3)：1-7.

陈云良，鞠小明，郑小玉，等. 2010. 火电厂补给水系统气囊式空气罐水锤防护特性研究[J]. 四川大学学报工程科学版，42(3)：19-23.

陈云良，鞠小明. 2001. 水泵断电后水力瞬变过程计算方法[J]. 四川水力发电，20(S1)：91-92.

陈云良，伍超，鞠小明，等. 2004. 灯泡贯流式电站机组及下游河道的水力过渡过程计算[J]. 四川大学学报（工程科学版），36(3)：28-31.

陈云良，徐永，杜敏，等. 2015. 基于正交设计的灯泡贯流式机组关闭规律优化[J]. 排灌机械工程学报，33(4)：322-326.

程远楚，张江滨，陈光大，等. 2010. 水轮机自动调节[M]. 北京：中国水利水电出版社.

丁果，鞠小明，陈祥荣，等. 2010. 复杂结构差动式调压室阻力系数试验研究[J]. 四川水力发电，29(5)：151-154.

丁浩. 1986. 水电站有压引水系统非恒定流[M]. 北京：水利电力出版社.

凡家昇，鞠小明，陈云良，等. 2012. 调压室阻抗孔修圆三维数值计算[J]. 水利水电科技进展，32(5)：20-23.

葛静，鞠小明，陈祥荣，等. 2008. 气垫式调压室气室常数和多方指数的影响规律分析[J]. 水利水电施工，(S1)：38-40.

桂林，鞠小明，王文蓉，等. 2000. 火电厂循环冷却水系统水泵断电水锤计算研究[J]. 四川大学学报（工程科学版），32(5)：1-4.

胡建永，张健，祁舵. 2007. 长距离输水系统中空气阀的运行特性研究[J]. 水力发电，33(10)：61-63.

季奎，马跃先，王世强. 1990. 调压室大波动稳定断面研究[J]. 水利学报，(5)：45-51.

蒋劲，赵红芳，李继珊. 2003. 泵系统管线局部凸起水锤防护措施的研究[J]. 华中科技大学学报（自然科学版），31(5)：65-67.

金锥，姜乃昌，汪兴华，等. 2004. 停泵水锤及其防护[M]. 北京：中国建筑工业出版社.

鞠小明，陈家远，关汉英. 1992. 混合型调压室的涌浪计算[J]. 成都科技大学学报，(3)：23-28.

鞠小明，陈家远. 1996. 阻抗差动式调压室的水力计算研究[J]. 水力发电学报，(4)：54-60.

鞠小明，陈家远. 1997. 调压室涌波叠加计算研究[J]. 四川水力发电，16(4)：88-90.

鞠小明，孙诗杰，陈家远. 1995. 导叶分段关闭规律在电站非恒定流计算中的应用及问题讨论[J]. 四川水力发电，

（4）：76-79.

鞠小明，涂强，胡晓东，等. 1996. 水电站引水系统模型试验研究中若干问题的探讨[J]. 成都科技大学学报，（2）：13-17.

克里夫琴科. 1981. 水电站动力装置中的过渡过程[M]. 常兆堂，周文通，吴培豪译. 北京：水利出版社.

李玲，陈冬波，杨建东，等. 2016. 气垫式调压室稳定断面积研究[J]. 水利学报，47（5）：700-707.

李振轩，鞠小明，陈云良，等. 2015. 上游串联双调压室系统小波动稳定性计算分析[J]. 人民黄河，37（3）：103-106.

刘保华. 1995. 长引水隧洞电站调压室的水力计算及工况选择[J]. 水力发电学报，（4）：47-55.

刘保华. 2000. 某水厂水锤事故原因分析[J]. 水电站设计，16（1）：30-36.

刘大恺. 1997. 水轮机[M]. 北京：中国水利水电出版社.

刘光临，刘梅清，冯卫民，等. 2002. 采用单向调压塔防止长输水管道水柱分离的研究[J]. 水利学报，34（9）：44-48.

刘华，陈家远. 1999. 引水发电系统中多室连通调压室水位波动研究[J]. 水力发电学报，（1）：42-50.

刘华，鞠小明，陈家远. 1999. 供水管道系统的水力过渡过程研究[J]. 四川联合大学学报（工程科学版），3（1）：8-13.

刘华，鞠小明，张昌兵，等. 2006. 格鲁吉亚卡杜里电站跨流域引水水力过渡过程[J]. 四川大学学报（工程科学版），38（2）：11-14.

刘梅清，刘光临，刘时芳. 2000. 空气罐对长距离输水管道水锤的预防效用[J]. 中国给水排水，16（12）：36-38.

刘梅清，刘志勇，蒋劲. 2008. 基于遗传算法的单向调压塔尺寸优化研究[J]. 中国给水排水，24（23）：56-60.

刘启钊，陈家远. 1980. 空气制动调压室[J]. 华东水利学院学报，（2）：57-71.

刘启钊，顾美楠. 1989. 上下游三调压室混联系统的水力计算研究[J]. 水力发电学报，（2）：51-64.

刘启钊，彭守拙. 1995. 水电站调压室[M]. 北京：水利电力出版社.

刘启钊. 1998. 水电站[M]. 北京：中国水利水电出版社.

刘延泽，常近时. 2008. 灯泡贯流式水轮机装置甩负荷过渡过程基于内特性解析理论的数值计算方法[J]. 中国农业大学学报，13（1）：89-93.

刘竹溪，刘光临. 1988. 泵站水锤及其防护[M]. 北京：水利电力出版社.

卢伟华，张健，范波芹，等. 2007. 长引水道系统调压室体型与导叶关闭规律优化[J]. 水电能源科学，25（4）：90-93.

骆如蕴. 1990. 水电站动力设备设计手册[M]. 北京：中国水利电力出版社.

马善定，汪如泽. 1996. 水电站建筑物[M]. 北京：中国水利水电出版社.

马世波，张健，刘亚宁，等. 2008. 中小型水电站调节保证措施研究[J]. 水电能源科学，26（3）：169-171.

秋元德三. 1981. 水击与压力脉动[M]. 支培法等译. 北京：电力工业出版社.

沙锡林. 1990. 贯流式水电站[M]. 北京：中国水利水电出版社.

沈祖诒. 1998. 水轮机调节[M]. 北京：中国水利水电出版社.

石刘宏幸，王文蓉，鞠小明. 2004. 首尾直接连接的长隧洞梯级水电站引水发电系统水力过渡过程模型设计[J]. 四川大学学报（工程科学版），36（1）：24-27.

水电站调压室设计规范[S]. 中华人民共和国电力行业标准. DL/T 5058-1996.

水电站调压室设计规范[S]. 中华人民共和国能源行业标准. NB/T 35021-2014.

水电站机电设计手册编写组. 1983. 水电站机电设计手册—水力机械[M]. 北京：水利电力出版社.

水力发电厂机电设计规范[S]. 中华人民共和国电力行业标准. DL/T 5186-2004.

水轮机电液调节系统及装置技术规程[S]. 中华人民共和国电力行业标准. DL/T 563-2004.

王树人. 1980. 水击理论与水击计算[M]. 北京：清华大学出版社.

王文蓉，叶亚玲，鞠小明. 2003. 压力空气罐对火电厂补给水系统瞬态负压的防护研究[J]. 四川大学学报（工程科学版），35（1）：27-30.

王学芳，叶宏开，汤荣铭，等. 1995. 工业管道中的水锤[M]. 北京：科学出版社.

魏先导. 1991. 水力机组过渡过程计算[M]. 北京：水利电力出版社.

吴持恭. 1995. 水力学[M]. 北京：高等教育出版社.

吴荣樵，陈鉴治. 1997. 水电站水力过渡过程[M]. 北京：中国水利水电出版社.

徐军，鞠小明. 2002. 水电站甩负荷后机组间相互影响的水力计算研究[J]. 四川水力发电，21（3）：63-66.

严亚芳. 1995. 水力机组暂态特性及参数优化[M]. 北京：中国水利电力出版社.

杨建东, 高志芹. 2005. 机组转动惯量 GD^2 的取值及对水电站过渡过程的影响[J]. 水电能源科学, 23(2)：47-49.

杨建东. 1999. 导叶关闭规律的优化及对水力过渡过程的影响[J]. 水力发电学报, (2)：75-83.

杨开林, 石维新. 2005. 南水北调北京段输水系统水力瞬变的控制[J]. 水利学报, 36(10)：1176-1182.

杨开林. 1987. 水轮机瞬变过程的特征微增量计算方法[J]. 水利学报, (1)：60-64.

杨开林. 1988. 水轮机导叶控制规律的数值计算方法[J]. 大电机技术, (3)：48-51.

杨开林. 2000. 电站与泵站中的水力瞬变及调节[M]. 北京：中国水利水电出版社.

于必录, 刘超, 杨晓东. 1993. 泵系统过渡过程分析与计算[M]. 北京：水利电力出版社.

占小涛, 张晓宏, 张俊发. 2017. 调压室位置和面积变化对尾水管压力的影响研究[J]. 水资源与水工程学报, 28(1)：125-129.

张洪楚, 骆如蕴. 1982. 对水击基本方程的探讨[J]. 华东水利学院学报, (1)：118-123.

张洪楚. 1980. 水电站调节保证计算[J]. 河海大学学报, (1)：91-103.

张建梅, 鞠小明. 2004. 火电厂循环水系统冷却塔高位布置水锤数值模拟[J]. 东方电气评论, 18(4)：190-193.

张健, 于德爽, 安建峰. 2015. 气垫调压室临界稳定断面计算参数取值讨论[J]. 河海大学学报：自然科学版, 43(1)：6-10.

张玉润, 鞠小明, 陈云良, 等. 2012. 安装水斗式机组的引水式水电站取消调压室研究[J]. 西南民族大学学报（自然科学版）, 38(4)：630-633.

郑源, 鞠小明, 程云山. 2007. 水轮机[M]. 北京：中国水利水电出版社.

郑源, 刘德有. 2000. 供水管道系统水力过渡过程研究计算[J]. 水泵技术, (5)：8-11.

郑源, 屈波, 张健, 等. 2005. 有压输水管道系统含气水锤防护研究[J]. 水动力学研究与进展 A 辑, 20(4)：436-441.

郑源, 张健. 2008. 水力机组过渡过程[M]. 北京：北京大学出版社.

Chaudhry M H. 1979. Applied Hydraulic Transients[M]. Canada：Van Nostrand Reinhold Company.

Kranenberg C. 1974. Gas release during transient cavitation in pipes [J]. Journal Hydraulic Division, 100(10)：1383-1398.

Liou C P, Wylie E B. 2014. Approximation of the friction integral in water hammer equations[J]. Journal of Hydraulic Engineering, 140(5)：06014008-1-5.

Peng X D, Yang Z H, Liu S J, et al. 2014. Equivalent pipe algorithm for metal spiral casing and its application in hydraulic transient computation based on equiangular spiral model[J]. Journal of Hydrodynamics, 26(1)：137-143.

Simpson A R, Bergant A. 1994. Numerical comparison of pipe-column-separation models [J]. Journal Hydraulic Engineering, 109(3)：361-377.

Wang X Q, Sun J G, Sha W T. 1995. Transient flows and pressure waves in pipes[J]. Journal of Hydrodynamics, (2)：51-59.

Wylie E B, Streeter V L. 1978. Fluid Transient[M]. New York：McGraw-Hill International Book Company.

Wylie E B. 1984. Fundamental equations of waterhammer[J]. Journal of Hydraulic Engineering, 110(4)：539-542.

Yang K L. 2001. A practical method to prevent liquid column separation[J]. Journal Hydraulic Engineering, 127(7)：620-623.